今日から
モノ知り
シリーズ

トコトンやさしい

機械力学の本

機械を設計する際には、機械の構成要素がどのくらいの力を伝え、どのような運動を行うかを求めることが重要です。本書ではモデル化や運動方程式を通じて、それらに必要な知識や計算手法を身に付けます。

三好孝典　著

B&Tブックス
日刊工業新聞社

はじめに

機械を設計する際には、そのサイズや重量、製作に掛かるコスト、また安全性や納期など、機械に求められるあらゆる要求や制約を想定しておかなければなりません。そしてそれらの要件を満たす機械の仕様(スペック)が実際にどのようなものでなければならないかを、あらゆる視点から検証していきます。

様々な検証をしていく中で最も重要なのが、機械が生み出す「力」や「運動」がどうなっているかという視点です。そこで必要になるのが、本書のテーマである機械力学です。機械力学とは、機械が、どのように力を伝達し、その結果、どのように運動するかを明らかにする学問なのです。

自動車、ロボット、産業機械など、身のまわりの「動く機械」は、様々な機械部品の組み合わせによって動作を実現しています。その部品には、歯車、ベルト、軸受(直動ガイドを含む)などの力の伝達を扱う機械要素や、エンジン、モータなどの動力源があります。これらの機械要素やユニットに作用する力や運動を一つひとつ定量的に見積もることができなければ、機械全体として要求される仕様を満たせるか否かを判断できません。

本書では、高校レベルの基本的な物理学の知識を習得していることを前提に、できるだけ平易に様々な機械要素に作用する力と運動の考え方や計算法を紹介しています。

いずれの項目も、冒頭に運動イメージを示し、それを剛体・バネ・ダンパなどの簡単なモデルに置き換え、最後に式で定量化する、という流れで解説しています。きっと本書を読み終えた読者は、たとえ機械設計の初心者であっても、様々な機械要素の運動や必要なパラメータを手計算で導き出すことができるようになるのではないかと思います。

工学問題では、その本質を掴むには「手計算」が重要となります。そのため、本書では、特に冒頭から前半にかけて微分方程式を取り上げていません。運動方程式においても、三角関数や2次関数で扱える問題を多く取り上げました。これだけでも機械の設計には十分役立つからです。

また本書では、既存の機械力学の書籍では触れられることのない、機械力学と材料力学の関係についても言及しました。材料力学の書物は数多くありますが、多くが外部からかけられた力に対する変形や耐荷重を取り扱います。一方、機械力学では機械自ら発する力だけに着目し、その力が引き起こす影響を論じることはありません。すなわち、機械自身が発した力に対する機械自身の耐性の問題は、ちょうど両力学のスキマになっているのが実情です。

著者はこれまで、企業の設計者として、また企業との共同研究を通して、様々な機械の開発や性能改善に携わってきました。本書でも紹介した、全方向移動ボート、全方向移動搬送台車、2リンクリハビリテーションマシン、パワーアシストロボット…などの新規開発のほか、ガントリークレーンの振動制御、ペンプロッタの画質改善、カッティングマシンのローラー振動解析、自動車の振動制御・乗り心地改善、インクジェットプリンタの色むら改善、パワーアシストクレーンのリミットサイクル抑制…などです。本書の執筆にあたっては、これら様々な経験から得られた知見を余すところなく盛り込んだつもりです。本書が、読者の皆様の学習や仕事の一助になることを切に期待しています。

最後に、日刊工業新聞社の天野慶悟氏をはじめ、本書の出版に携わって頂きました方々に深く御礼申し上げます。また、写真掲載を許諾頂きました共同研究実施企業の方々にも深謝申し上げます。

三好孝典

令和元年9月

目次

CONTENTS

第1章 機械力学の基礎

第2章 力と運動を伝える機械要素の力学

第3章 回転を伴う機械要素の力学

第6章 振動を引き起こす機械要素の力学

第7章 衝突や反発力が関わる機械要素の力学

第1章

機械力学の基礎

1 機械工学の基本となる4つの力学

機械を動かすのは力学と情熱だ！

私たちの身のまわりの機械の「動き（運動）」はどのように仕組まれているのでしょうか。

機械に思い通りに運動させるための仕組みを考える学問として機械工学があります。機械工学には、基礎となる定番の４つの力学、すなわち機械力学、材料力学、熱力学、流体力学のいわゆる「四力（よんりき）」が欠かせません。

このうち、材料力学は「材料の変形特性や強度などの性質」、熱力学は「熱による力やエネルギーの伝達」、さらに流体力学は「流体の持つ圧力や運動の関係」を対象にした学問です。そして本書のテーマである機械力学は、簡単に言えば「機械が稼働するときの力と運動の関係」を明らかにする学問です。振動工学やロボット工学もこの中に含まれます。

これら四力はそれぞれ独立しているものではなく、互いに関連し合っています。例えば自動車を例に取れば、エンジンは燃焼に必要なガソリンや空気がエンジンブロックまで正しく流れて（流体力学）、大きな爆発を伴う燃焼を繰り返し（熱力学）、さらに爆発力に耐え得る材料（材料力学）で構成されたシリンダが直線運動を行った後、クランクシャフトで回転運動に変換される（機械力学）、といった具合いです。

では、四力だけを学べば機械が動くかというとそれも違います。機構学、加工学、信頼性工学、制御工学、計測工学、計算力学など様々な学問の見地から見て初めて、機械を動かす原理を理解することができます。さらに原理が分かっているだけでも、まだ不十分です。現代の機械は、生産システム工学、電気工学、ソフトウェア工学の知識なしには製造することができないからです。

そして何より大切なのは、作り手の想いです。現実は理屈通りにはいかないので、最後の最後は作り手の情熱や粘りというものが機械を動かすのだと筆者は思います。

要点BOX

- ●四力は、機械力学、材料力学、熱力学、流体力学
- ●あらゆる機械は四力をはじめ、様々な学問を学ぶことによって動かすことができる

エンジニアリングを土台として支える四力

機械工学域

機構学　加工学　制御工学　計測工学

信頼性工学　計算力学　生産システム工学

電気工学　ソフトウェア工学

機械力学　材料力学　熱力学　流体力学

エンジンは四力の集大成

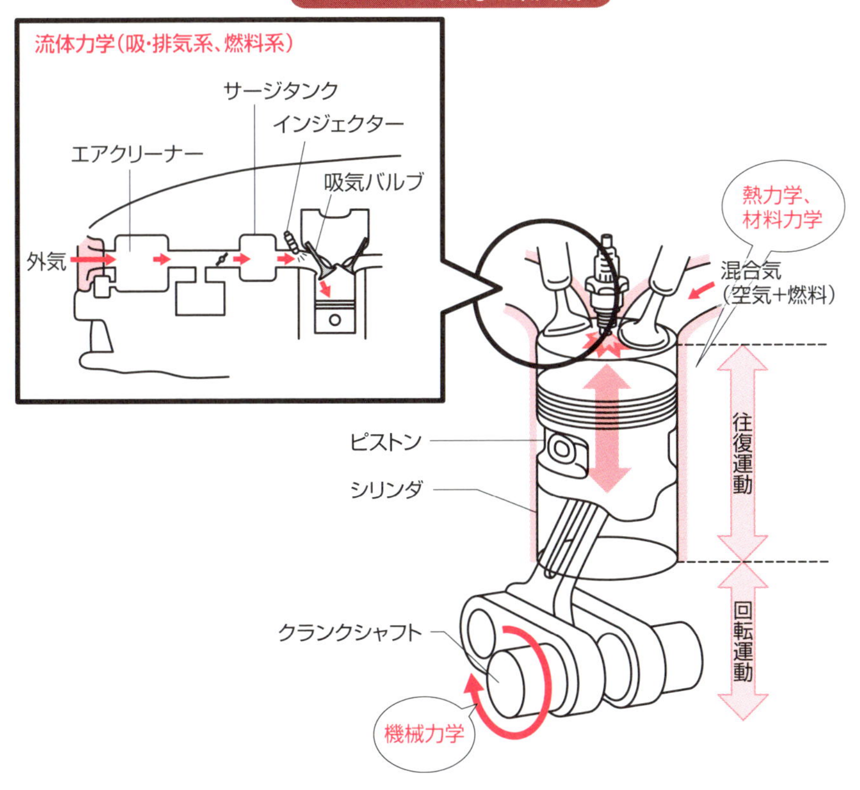

2 機械力学には幾何学の知識が必要だ

パーツの幾何学的な位置関係を決める運動学

機械力学と聞くと、パーツを強く押し込んだり、ねじ込んだりしたときに別のパーツがどう動くかといった、「力」が加えられたときの物体の「動き」だけを問題にした学問とイメージされている方も多いと思います。しかし、実際には、「力学」に加えて「幾何学」の知識も必要です。

幾何学とは、図形（平面・立体）に内在する規則性を見い出し理解する学問です。例えば、ロボットのアームはモータから伸びる構造になっています。図1はそのときのモータの回転角度とアーム端の位置の関係を示しています。

図のx軸からのモータの回転角度θ_0[rad]と、アーム先端の位置座標x_0[m]、y_0[m]との関係は、三角関数によって式①、式②で表されます。一方、その逆を表す関数は式④で求まります。

前者（①②）のように、一般に極座標系（図ではθ軸）から直交座標系（図ではx軸、y軸）への変換を順運動学と呼びます。後者（④）のように直交座標系から極座標系への逆変換を逆運動学と呼びます。順運動学の式にも逆運動学の式にも力の項は現れません。運動学はスポーツを連想し汗をかいて力を入れ込むイメージですが、実際は幾何学的な位置や速度の関係を記述していくクールな学問です。

また、この例からもわかるように、順運動学は比較的シンプルですが、逆運動学は逆三角関数で記述されることが多く、複雑な計算になりがちです。

さて、いわゆる力と運動の関係は「動力学」と呼ばれ、その関係式を「運動方程式」と呼びます。日本語だと運動学と動力学は違いがはっきりイメージできないのですが、英語ではキネマティクス（運動学：Kinematics）、ダイナミクス（動力学：Dynamics）と、全く異なる呼び方なので間違いようがありません。最初から区別しやすい名称に翻訳して欲しかったというのが筆者の本音です。

要点BOX

- ●幾何学的な位置関係を示すのは運動学
- ●その逆関数は逆運動学と呼ぶ
- ●力と運動の関係を示すのは動力学

図１　運動学と逆運動学の方程式には力の項は入らない

アーム端$(x_0、y_0)$

y

位置

θ_0[rad]

位置

x

運動学

$$\begin{cases} x_0=\cos\theta_0 & \cdots① \\ y_0=\sin\theta_0 & \cdots② \end{cases}$$

$$\mathrm{Tan}\ \theta_0=\frac{y_0}{x_0} \quad \cdots③$$

逆運動学

$$\theta_0=\mathrm{Tan}^{-1}\frac{y_0}{x_0} \quad \cdots④$$

図２　物体の運動を運動学と動力学で理解する

3 機械力学で使われるSI単位

全ての物理量はたった7つの単位から構成されている

モータ関連の技術文献を調べると「GD2（ジーディースケア）」という言葉を頻繁に見かけます。Gは重力加速度、Dは直径を意味し、全体で回転のしにくさを表す物理量です。実はジーディースケアという表現は古く、現在の高専・大学では学びません。現在では「慣性モーメント」と呼ばれています。とはいえ、ベテラン技術者にとってはジーディースケアの表現の方がしっくりくるようです。

このように単位や技術用語は歴史的に変遷していくものですが、現在では世界共通のルールとして国際単位系（SI）が定められています。SI単位は次のわずか7つの基本単位から構成されています。

長さ：メートル［m］、質量：キログラム［kg］、時間：秒［s］、電流：アンペア［A］、温度：ケルビン［K］、物質量：モル［mol］、光度：カンデラ［cd］。特に、本書のテーマである機械力学で頻出する単位は長さ、質量、時間の3つの単位です。

速度や加速度などは組立単位と言い、m/s、m/s^2と、上記の単位の組み合わせで表現されます。では、力の単位であるニュートン［N］はどうでしょうか。1Nは、1kgの質量の物を$1m/s^2$で加速する力なので基本単位を使用すると$N=kg\cdot m/s^2$で表現できます。しかしながら、毎回$kg\cdot m/s^2$と表現するのは大変で、直感的に使いにくいので固有の名称ニュートンを使用することが認められています。

では、角度を表すラジアン［rad］はどうでしょうか。これはその角度が持つ弧の長さと半径の比率を表します。つまり1radとは、半径と同じだけの弧の長さを持つ角度、2radとは半径の2倍の弧の長さを持つ角度を意味します。比率ですので、単位としては長さ［m］を長さ［m］で割ったもの、すなわち$m/m=1$となり、結果として単位がなくなります。つまり不思議なことに何かの物理量を表すものではないのです。

要点BOX
- ●機械力学では、m、kg、sの3つが基本単位
- ●力の単位ニュートンNは組立単位
- ●radは物理量を表す単位を持たない

ＳＩ単位とその組立単位

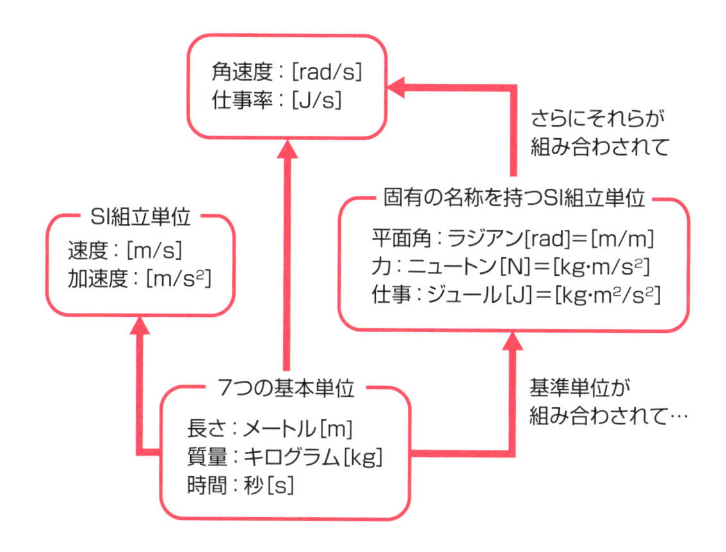

物理量を表さないラジアン

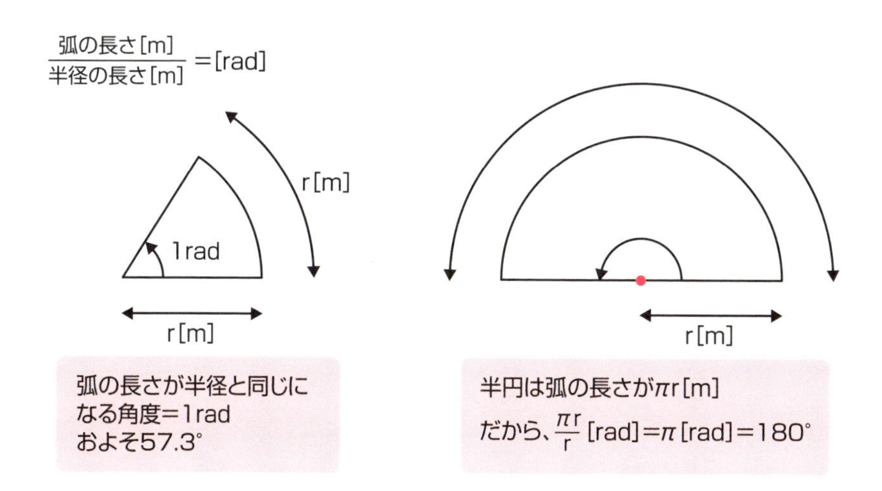

4 ニュートンの3つの運動法則

なぜ車は急には止まれないのか!?

17世紀末にニュートンによって見出された力学は、20世紀に入って量子力学が登場するまでの200年あまりの間、自然現象を物理的に記述する中心的な理論でした。現在でも、ナノ領域（10^{-9}m以下の微小なもの）を扱う以外は、機械力学の根本原理として色あせることなく利用されています。ニュートン力学は次の3つ法則によって構成されています。

第一法則：質点に力が作用していないならば質点の運動は変化しない。静止しているか等速で直線運動を続ける（慣性の法則）。

第二法則：質点の加速度は作用する力に比例し、力の方向にある（運動の法則）。

第三法則：2質点間に作用する力は大きさが等しく、反対方向で同一直線上に沿って作用する（作用・反作用の法則）

実は日本人は子供の頃から第一法則と第二法則を叩き込まれています。「とび出すな　車は急に止まれない」という交通標語は誰しも知っているでしょう。自動車はブレーキを踏まない限り、そのままの速度で走り続けます（第一法則）。そして急ブレーキを踏むとそのブレーキ力に比例して減速していきます（第二法則）。この法則が当てはまるのは歩行者も同様で「アッ」と思っても、自身も急には止まれません。

ここで車が1500kg、ブレーキ力を1500Nとして、与えられた力と質量、および生じる加速度（減速度）の関係を次ページの図2の①式に示します。

第二法則の公式に当てはめて停止時間を割り出してみます。①式は②式に変形できるので、減速度は1/1500kg×1500N=1m/s^2となります。1秒間に1m/sの減速なので、仮に車が時速72km(=20m/s)で走っていたとすると、0m/sになるまでになんと20sもかかる計算になります。

ここから「車は急に止まれない」ということが理解できるのではないでしょうか。

- ●ニュートンによる3つの法則
- ●慣性の法則、運動の法則、作用・反作用の法則

図１　ニュートン力学の３つの運動法則

第一法則	慣性の法則	：質点に力が作用していないならば質点の運動は変化しない。静止しているか等速で直線運動を続ける
第二法則	運動の法則	：質点の加速度は作用する力に比例し、力の方向にある
第三法則	作用･反作用の法則	：2質点間に作用する力は大きさが等しく、反対方向で同一直線上に沿って作用する

図２　飛び出すな、車は急に止まれない

1500Nのブレーキ力

停止まで20s
停止まで200m

力f[N] ＝ 質量 m[kg] × 加速度a[m/s²]　…①

したがって、$a=\frac{f}{m}$　…②

$=\frac{1500\ [N]}{1500\ [kg]}$

$=1\ m/s^2$

速度[m/s]
20
傾き−1 m/s²
0　20　時間[s]

この三角形の面積は、20 × 20 ÷ 2 ＝ 200
だから停止まで200m進む

5 物体の速度・加速度と微分の関係

位置の時間微分が速度、速度の時間微分が加速度

微分とは、任意の点 x_0における関数$y=f(x_0)$の傾き・変化を表します（図1の①式参照）。傾きを知ることは、物体の運動の変化を予測するうえで重要です。

たとえば、横軸の値 x_0のときに縦軸が$y(x_0)$であったとします。横軸の値がx_0からΔxだけ増加した点$x_0+\Delta x$における縦軸の値を $f(x_0+\Delta x)$とします。

このとき、$f(x_0+\Delta x)$が元の$f(x_0)$から増加した分、

$$\Delta y = f(x_0+\Delta x) - f(x_0)$$

が、横軸の増加分Δxの何倍かを極限まで0に近いΔxについて計算したものです。この表現方法は、$f(x_0)$や$f'(x_0)$,$df(x)/dx|_{x=x_0}=X_0$など様々ですが、いずれも意味は同じです。

横軸が時間t［s］、縦軸が位置x［m］の場合は、その時刻tにおける位置$x(t)$の微分 $\dot{x}(t)$（時間微分と呼びます）は、傾き＝位置の変化の割合なので時刻tにおける速度$v(t)$[m/s]を意味します。

さらに、これをもう一回微分（つまり位置を二回微分）して得られる$\ddot{x}(t)=\dot{v}(t)$は、速度の変化の割合ですので、加速度$a(t)$[m/s²]を意味します。

数学用語では、一回の微分は1階微分、二回の微分は2階微分と言います。「階（カイ）」という読み方ですが、意味としては「回（カイ）」と同様です。2階微分の表現方法も$x''(t)$や$\ddot{x}(t)$など様々です。

これとは逆に、加速度の1階積分は速度で、速度の1階積分、つまり加速度の2階積分が位置になります。6で解説しますが、運動方程式は加速度の式（微分方程式）で表されますので、そこから積分を行って位置を求めます。

図2に、仮に位置が正弦波関数$x(t)=\sin(2\pi t)$で表されていたときの速度、加速度を示します。微分によって関数の「+」「−」の符号が変わったり、振幅が大きく変わる場合もあります。

要点BOX

- ●位置の微分が速度、速度の積分が位置
- ●位置の2階微分が加速度、加速度の2階積分が位置

微分の定義

微分の定義

$$\frac{dy}{dx}=\lim_{\Delta x\to 0}\frac{\Delta y}{\Delta x}=\lim_{\Delta x\to 0}\frac{f(x_0+\Delta x)-f(x_0)}{(x_0+\Delta x)-x_0}\quad\cdots①$$

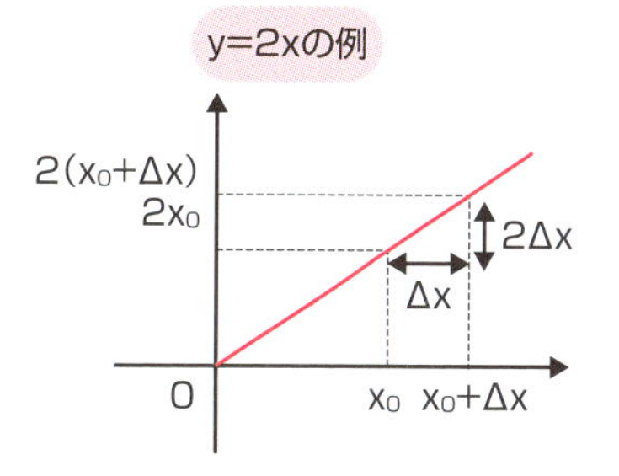

定義により

$$\lim_{\Delta x\to 0}\frac{\Delta y}{\Delta x}=\lim_{\Delta x\to 0}\frac{2(x_0+\Delta x)-2x_0}{(x_0+\Delta x)-x_0}$$

$$=\lim_{\Delta x\to 0}\frac{2\Delta x}{\Delta x}=\lim_{\Delta x\to 0}2=2$$

位置・速度・加速度のグラフ

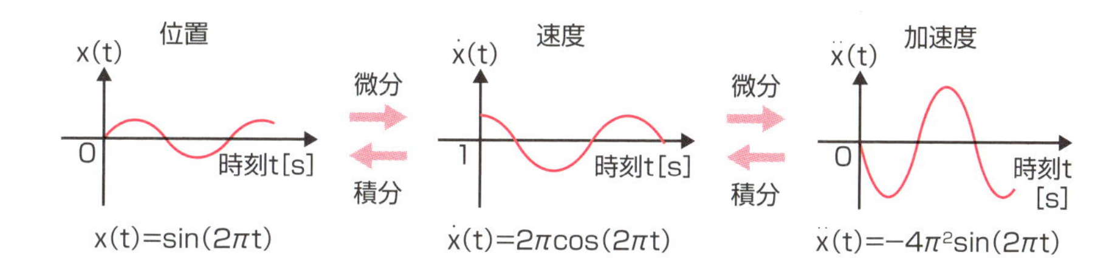

6 自由落下の運動方程式を考えよう

自由落下の運動方程式の解は2次方程式で表す

4で紹介したニュートンの第二法則と5で学んだ2階微分を使って、動力学における運動方程式を立ててみましょう。ここでは最もシンプルな題材として自由落下を取り上げます。地球上では、常に物体の質量に比例した鉛直（垂直）下方向の重力が作用しています。

それは m [kg] × g [m/s^2] = mg[N]で与えられます。ここでgは重力加速度と呼ばれ、地球上ではどのような物体でも鉛直下方向に g = 9.8 m/s^{2}の加速度を生じるような力が加わっています。

さて、このとき、運動方程式は正方向を上向きにとると、

$m\ddot{x}(t) = -mg$

すなわち$\ddot{x}(t) = -g$（次ページ①式）となります。gの前に－（マイナス）が付いているのは、力が負方向（下向き）だからです。

この$\ddot{x}(t)$を一回積分すると速度$\dot{x}(t)$が、二回積分すると位置$x(t)$が求まるはずですが、時刻t =0のときの$x(0)$、または$\dot{x}(t)$の値が必要となります。

初期位置$x(0) = 0$、初期速度$\dot{x}(0) = 0$を考えると、時刻t [s]での$\dot{x}(0)$は、②式のように表すことができます。ここでc_0という積分定数が付くことに注意してください。

さて、$\dot{x}(0)=0$でしたので、$t = 0$を②式に代入すると、$\dot{x}(0)=c_0=0$と定まり、さらに、③式のようになりますが（c_1は別の積分定数）、$x(0) = 0$であることから$c_1=0$と求まります。結局、①式の運動方程式の答えである位置の関数は、

$x(t) = 1/2\ gt^2$　…④

となります。

では、初期位置$x(0) = 0$で、初期速度$\dot{x}(0) = 1$の場合はどのような$x(t)$になるでしょう。解答は、⑤となります。

●運動方程式を2階積分して位置の関数を得る
●運動方程式を解くには初期位置・初期速度が必要

初期位置 x（0）＝0 初期速度 x'（0）＝0 の場合

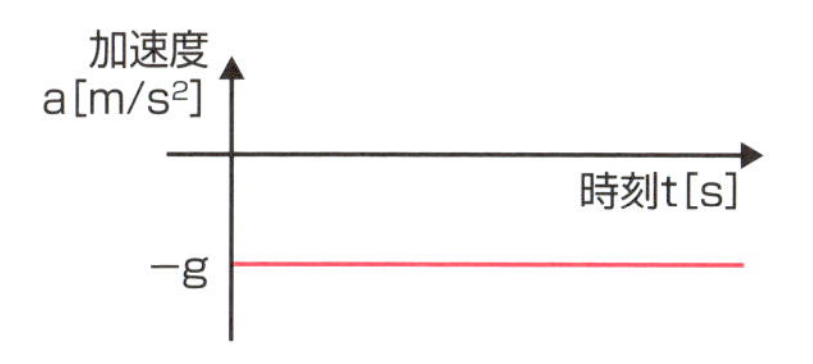

加速度は一定　$\ddot{x}(t) = -g$　…①

積分

$$\int x''(t)dt = \int -gdt = -gt + c_0 \cdots②$$

t＝0のとき、$x'(0) = -g \cdot 0 + c_0 = 0$より
$c_0 = 0$

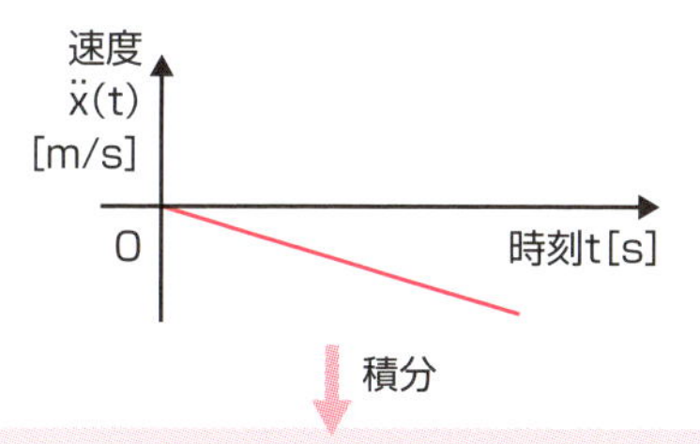

積分

$$\int x'(t)dt = \int -gtdt = -\frac{1}{2}gt^2 + c_1 \cdots③$$

t＝0のとき、$x(0) = -\frac{1}{2}g0^2 + c_1 = 0$より
$c_1 = 0$

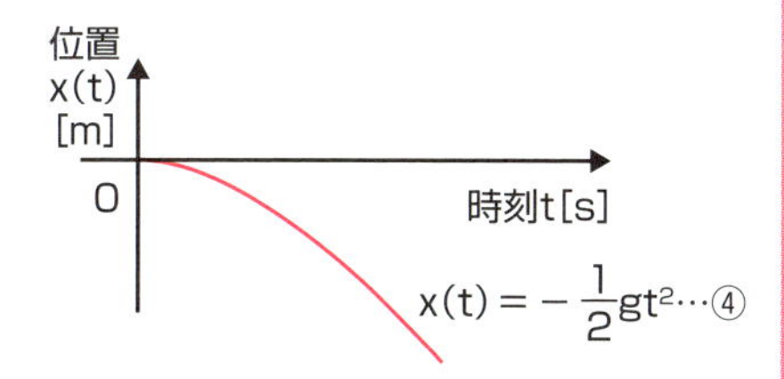

初期位置 x（0）＝0 初期速度 x'（0）＝1 の場合

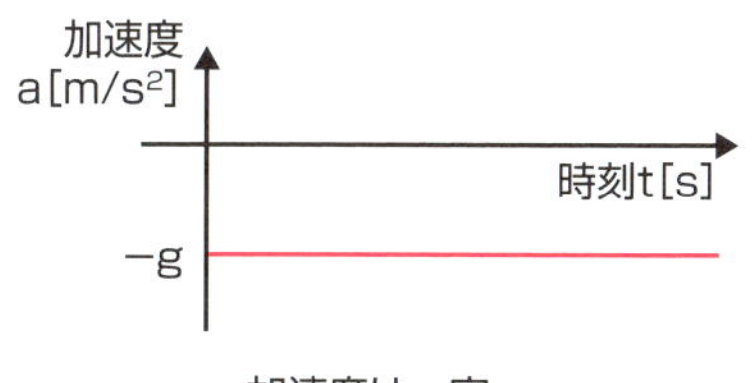

加速度は一定

積分

$$\int x''(t)dt = \int -gdt = -gt + c_0$$

t＝0のとき、$x'(0) = -g \cdot 0 + c_0 = 1$より
$c_0 = 1$

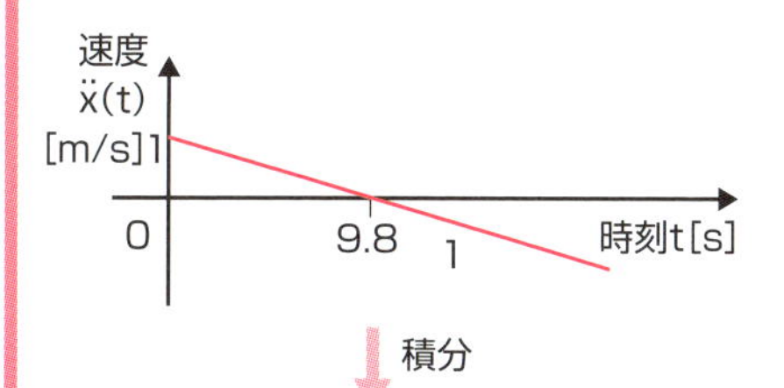

積分

$$\int x'(t)dt = \int -gtdt = -\frac{1}{2}gt^2 + t + c_1$$

t＝0のときに、$(0) = \frac{1}{2}g0^2 + 0 + c_1 = 0$より
$c_1 = 0$

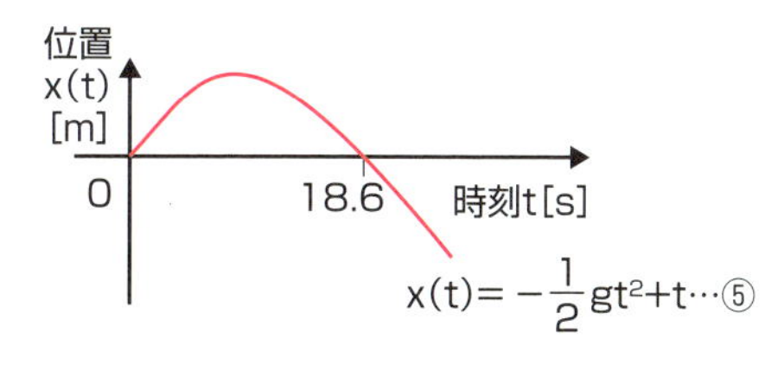

7 力のつり合いと作用・反作用

力がつり合っていないと軽い物体はどこかへ飛んでいく

本節では、力のつり合いやニュートンの作用・反作用の法則（第三法則）を使いながら、物体とバネが組み合わさった機構の運動を考えてみましょう。

図1のように、質量m[kg]の物体にバネが装着されている状況を考えます。このバネは無視できるほど小さい質量であるとします。このバネの左端からf[N]の力を加えたときに、この物体はどのような運動をするでしょうか？　バネがあるので、前後にビヨンビヨンと振動を始めるに違いないように思えますが、本当にそうでしょうか？

誰かがバネに左からfの力を与えているとき、作用・反作用の法則により、この人は、それと同じ力をバネから受けます。一方、物体がバネから力f_0を受けるとき、この物体もバネを同一の力f_0で押し返します。つまり、バネは人から$+f$ の力、物体から$-f_0$の力を受けていることになります。マイナスの符号は力の向きが負方向だからです。

このときのバネの運動方程式は、加速度＝力の合力÷質量で、バネの質量はほぼ0kgなので、$\ddot{x}(t) = 1/0 \times (f - f_0)/0$となります。もし、$f - f_0 = 0$でないならば、$\ddot{x}(t) = \infty$（無限大）となってバネはどこかへピューンと飛んで行ってしまいます。しかし実際にはバネが飛ぶことはないので、$f = f_0$でなければなりません。すなわち、バネの両側の力はつり合っています。言い換えると、バネに与えた力fが、バネを素通りしてそのまま物体に加えられることになります。

この事実は、バネは運動に影響を与えない。ということを意味します。したがって、振動は発生しないのです。

具体的な数値例として、1kgの物体に1s間だけ力1Nを与えたときの運動を図2に示しましょう。初期条件は$\dot{x}(0) = x(0) = 0$です。このとき1s間の等加速度運動の後、1m/sの等速運動を続けます。

要点BOX

- ●力のつり合いは質量0を考えると理解しやすい
- ●バネがあるからと言って振動するわけではない

図1　バネに力を加えるとどう運動するか

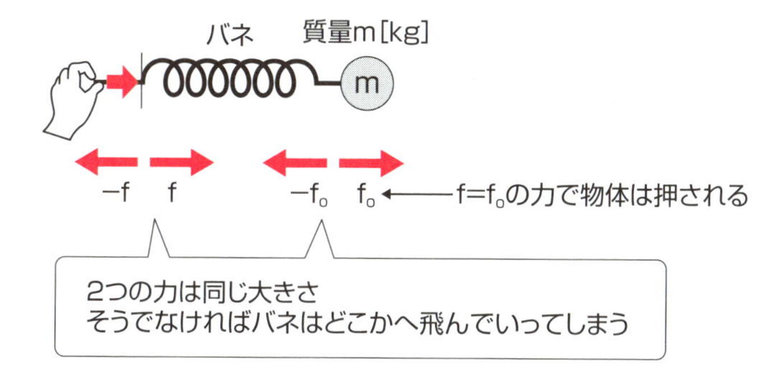

図2　1kgの物体に1sの間だけ1Nの力を加える

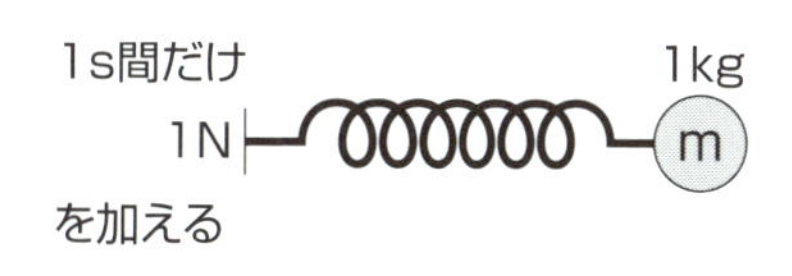

最初の1s　$1 \times \ddot{x}(t) = 1$

（1＝質量、$\ddot{x}(t)$＝加速度、1＝力）

1s以降　$1 \cdot \ddot{x}(t) = 0$

力 f[N]：0〜1の間 1、時刻t[s]

速度 $\dot{x}(t)$：0から1まで直線的に増加し、1以降は1、時刻t[s]

$\ddot{x}(t) = 1$

$\dot{x}(t) = \int_0^t 1\,dt = t + c_0$

$\dot{x}(0) = 0 + c_0 = 0$だから　$c_0 = 0$

したがって　$\dot{x}(t) = t$

このとき　$\dot{x}(1) = 1$　つまり時刻1[t]のとき1m/s

$\ddot{x}(t) = 0$

$\dot{x}(t) = \int 0\,dt = c_1$

ここで$\dot{x}(0) = 1$のはずだから　$c_1 = 1$

したがって　$\dot{x}(t) = 1$

8 力の分解と合成

力の分解はきわめて間違えやすい

力は、分解したり、合成したりできます。その方法はベクトルの分解・合成と同じです。図1のように平行四辺形の辺を形作るように分解できますし、2つの力をそれぞれの辺とする平行四辺形の対角線として力を合成することもできます。

機械力学で最もよく使われるのは、直角三角形に分解する手法です。例えば、図2のように、30°の角度を持つ三角形の傾斜台に1kgの物体を乗せた場合、物体には鉛直下方向に98Nの重力がかかります。これは傾斜と垂直な方向の力として、

98×cos30°=84.9N

また傾斜から滑り落ちる方向の力として、

98×sin30°=49N

に分解することができます。

ここまでは簡単ですが、応用問題はプロの機械屋でも間違います。図3のように質量がほぼ0kgの2枚の板が45°の角度で組み合わせられてテーブル上に置かれているとします。この2枚は滑らかに動き、かつ両側の丸いガイドで移動方向を拘束されており、下板は前後方向、上板は斜め45°方向にしか移動できません。このとき、手前から1Nで力を与えると、右上から何[N]の力で対抗すれば、力がつり合って板は動かないでしょうか。

上下の板の境界で力を分解してみましょう。図3左では向こう側への1Nの力を分解して、上板を押す力が1×sin45°＝0.71Nと考えます。一方、図3右では向こう側から押し返す力f[N]を分解して、f×sin45°＝0.71 f[N]が1Nとつり合い、したがって答えはf＝1.4Nと考えます。

さて、どちらが正解でしょうか？　正解は1・4Nです。この理由は第2章の11「機械要素を使って機械の動きを作り出す」で明らかになります。これは本当に間違いやすい問題なのです。

要点BOX

- ●力は平行四辺形で分解・合成できる
- ●分解すれば良いというものでもない。どちらの力をどう分解するかが重要

図１　力の分解と合成

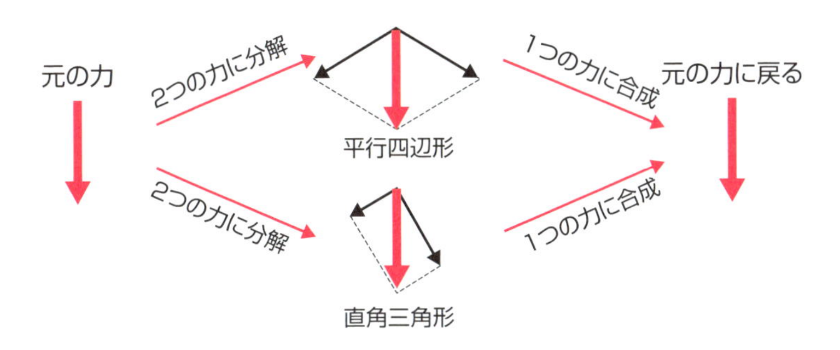

図２　物体にかかる重力の分解

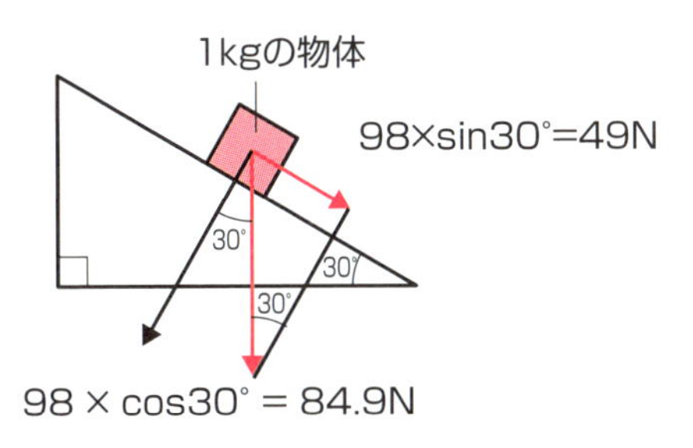

図３　２枚の板にかかる力の分解（応用問題）

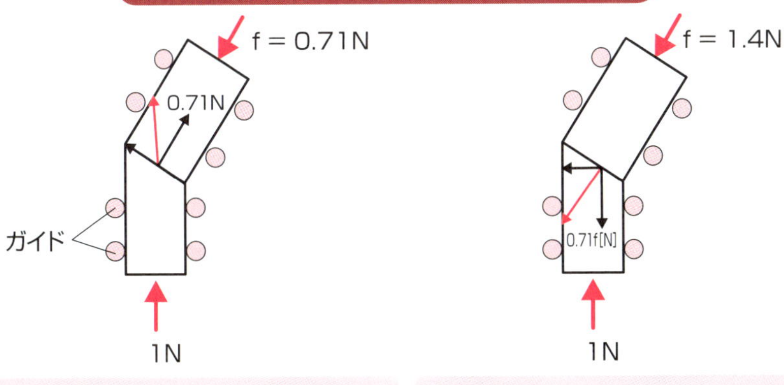

手前の板は1Nの分力0.71Nで向こうの板を押し込むので、0.71Nでつり合う

手前の板は、f[N]の分力0.71fNで向こうから押し込まれる。それが1Nとつり合うのでf=1.4Nとなるはずだ

9 機械で利用される様々な力の発生源

自然に由来するものから素粒子まで

機械力学は力を取り扱う学問です。そこで本節では、この力の発生源について考えます。次ページの表1に発生の原理・プロセス別に思いつくままに挙げてみました。もちろん、このほかにもたくさんの発生源が考えられます。なお表の発生の原理・プロセスの欄は、○○エネルギー（例えば風力エネルギー、火力エネルギーなど）と読み替えてもよいです。

表中の「自然」の項は歴史的に最も古く、水力や風力は当初はその力そのものを水車や帆船の動力として利用していました。しかし現在は、多くの場合、電気エネルギーに変換する前提で利用されています。

熱の項は熱によって物体が膨張しようとする力を利用しますが、水の膨張を利用する蒸気機関が産業革命を引き起こしたことはあまりにも有名です。

流体は、厳密には力の発生そのものより力の媒体として使われることが一般的です。流体を動かすためには、別の力の発生源が必要です。

爆発は急激な化学反応によって発生する力を利用するものです。ガソリンエンジンやディーゼルエンジンが爆発力でピストンの往復運動を引き起こす一方、ロータリーエンジンはより直接的に回転力を発生させます。ジェットエンジン・ロケットエンジンは爆発による噴射の反作用を利用して推力を得ます。

電磁は、電界と磁界の相互作用により発生する力を利用するもので、多くは回転力を発生しますが、リニアモータでは直線的な力を発生させます。

圧電効果という、電界が加えられた物質が歪もうとする力を利用した超音波モータがあります。誤解しやすい名前ですが、音波、すなわち空気の振動で動くわけではありません。

電気の反発力・吸引力を利用する機械は、身のまわりには多くありませんが、宇宙船で使用されるイオンエンジンなど先端分野で活躍しています。皆さんはどれだけご存知でしたでしょうか？

要点BOX
- ●産業革命を生んだのは熱による膨張力
- ●現在、最も一般的な力の発生源は爆発力（エンジン）と電磁力（モータ）

表1　主な力の発生源

発生の原理・プロセス	力および力の発生機関
自然	重力、水力、風力、波力、潮力、人力
熱	蒸気機関、スターリングエンジン
流体	空気圧シリンダ、ベーンモータ、油圧シリンダ
爆発	ガソリンエンジン、ディーゼルエンジン、ジェットエンジン、ロケットエンジン、ロータリーエンジン
電磁	DCモータ、誘導モータ、リニアモータ、ステッピングモータ
圧電効果	ピエゾ素子、超音波モータ
電気	静電気モータ、イオンエンジン
素粒子	反物質エンジン(まだSFの世界だけれど)、光子エンジン

主な機械の動力源

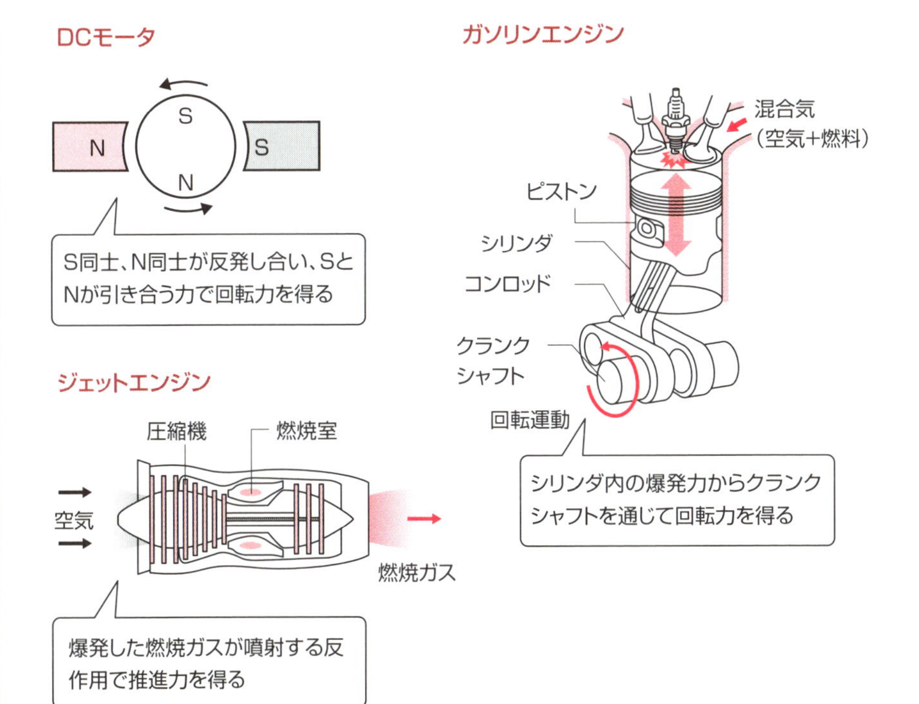

Column

単位同士の計算「次元解析」

機械力学に限らず力学を理解するのに「単位」は大変重要です。計算ミスを発見するのにも、単位同士の計算が役立ちます。単位がどのようになっているかを調べることを「次元解析」と呼びます。

① $\frac{mg}{m+i}$

② mg

③ $\frac{2mr^2g}{mr^2+2I}$

④ $\frac{mr^2g}{mr^2-I}$

⑤ $\frac{mr^2g}{mr^2+I}$

日本技術士会が運用している「技術士第一次試験問題（専門科目）機械部門H29年度」から例題を挙げてみましょう。加速度がいくらかを問う問題があって、その5択の回答として、次の①〜⑤が挙げられています。mは質量、gは重力加速度、Iは慣性モーメントです。

まず②の単位は[N]になるので問題で問われている加速度の単位[m/s²]とは明らかに異なります。

では①はどうでしょうか。分母でm[kg]とkg·m²を加算していますが、これは単位の次元が異なっているため加算できません。例えば、質量と長さの加算は無意味でしょう？　したがって、①は間違っています。

③の分子は単位だけに着目すると[kg]×[m²]×[m/s²]＝[kg·m³/s²]となり、分母は[kg·m²]と[kg·m²]の加算なので[kgm²]のままです。すると、（分子の単位）÷（分母の単位）は、kgとm²が消し込まれて[m/s²]が残り、確かに加速度の単位になります。このように考えると、単位計算だけで正解は③④⑤のうちいずれかに絞り込まれます。

次元解析のとき、注意すべきは、角度[rad]を[rad]という単位で捉えるのではなく、3で示したように無次元として扱うことです。例えば角速度[rad/s]は[1/s]という扱いですし、[rad]×[m/s]も、単なる[m/s]と同じ扱いです。

第2章

力と運動を伝える機械要素の力学

10 ペンチは人間の力を増大するが、仕事は変わらない

機械力学の仕事の原理

機械力学の重要な法則の一つに「仕事の原理」があります。これは特に損失がない限り力学的な仕事やエネルギーの大きさは変わらない、という原理です。力学的エネルギー保存の法則とも言います。

仕事は、力[N]×力の向きに動いた距離[m]で定義されます。仕事の単位は[N·m]ですが、これはエネルギーの単位[J]と同じです。「ペンチ（工具）」の仕事の例で考えてみましょう（図1）。

支点を中心に左側（くわえ部）が20㎜、右側（柄部）が100㎜だとします。柄の部分を100Nで握ると、テコの原理で、100mm÷20mm×100N＝500Nの力で把持物は押し潰されます。このとき、物体が3㎜潰されたとすると、人の手は、100mm÷20mm×3mm=15mmだけ動いたことになります。つまり、人の手からすると、握るという仕事をペンチに対して100N×15mm＝1.5N·m＝1.5J行ったことになり、ペンチからすると押し潰すという仕事を物体に対して500N×3mm＝1.5N m＝1.5J行ったことになります。

結局、このペンチは人間の力を5倍に増幅しますが、人間が動かす距離を五分の一にするため、仕事まで増幅するわけではありません。

重要なのは物体が動かない限り「仕事は生じない」、つまり、どんなに強く握っても、物体が押し潰されなければ力の向きに動いた距離は0㎜なので、ペンチが仕事をしたことにはなりません。どんなに必死に握りこんでも人の仕事は「ゼロ」です。

では、人間の労力はどこに行ったのでしょう。それは熱や心臓の運動（心拍数の増加）など、機械力学で取り扱う範囲外のものに変わったのです。

ラジコンカーなどでタイヤをロックするとモータが大きく発熱します。この場合、タイヤが回っていないのでモータは仕事をしていませんが、熱となってエネルギーは消費されています。

●仕事は、力[N]×力の向きに動いた距離[m]
●損失がない限り力学的な仕事やエネルギーの大きさは変わらない

ペンチの仕事

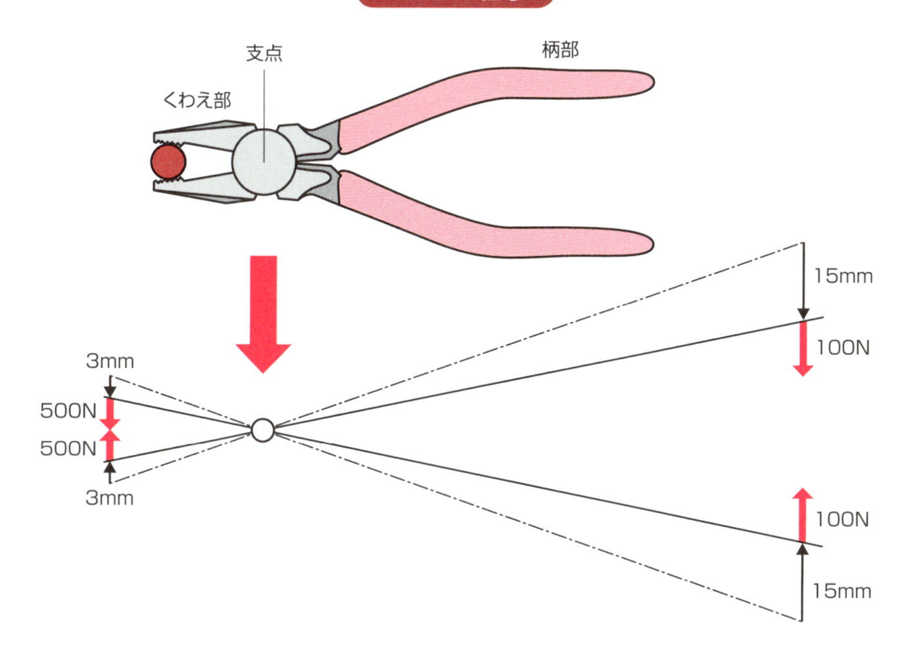

ペンチがした仕事＝500N×3mm＝1.5J　人がした仕事＝100N×15mm＝1.5J

物体が動かなければ仕事は発生しない

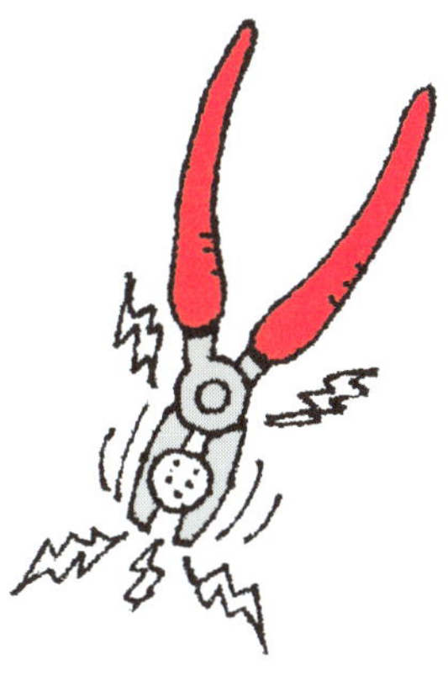

11 機械要素を使って機械の動きを作り出す

リニアガイドの性質と使い方

工作機械の工具の移動方向などを定める機械要素として、転がりガイドや滑りガイドといったリニアガイド(直動案内)があります(図1)。

これらの要素に共通するのは、滑る方向(運動の方向)の仕事は伝達するが、滑らない方向(運動しない方向)の仕事は伝達しないという性質です。これは10で述べた「動かなければ仕事はゼロ」という仕事の原理をあらわす具体例です。

8「力の分解と合成」で取り上げた事例では、リニアガイドを使って運動方向を強制的に変えているために力の分解が複雑になっています。正しく理解するには、仕事の原理を使います。

図2は二つのガイドを組み合わせたものを示しています。手前の板Aはガイドにより拘束されているため図の前後方向にしか動きません。向こう側の板Bも、やはりガイドのために斜め45°しか動きません。ここで板Aを1Nで押したとき、右上から板Bを何Nで押せばつり合うでしょうか。解答の候補としては0.71Nと1.41Nの二つがありました。

仮に板Aが1m動いたとき、板Bは何m動くでしょうか。図3に示すように移動後の形を考えると板Bは0・71m移動します。板Aを動かすときは1m×1N=1Jの仕事をしているので、仕事の原理より板Bには同じく1Jの仕事が伝わります。したがって、板Bの力をx[N]とすると0.71m×x[N]=1J、正解はx=1.41Nと求められます。

こうした力の方向を変えるガイドの性質を車輪に応用した例としてメカナムホイールがあります(図4)。大きな車輪の周囲に45°傾けた小さな車輪をたくさん配置したものです。通常は、車輪の回転方向にしか力を伝達できませんが、メカナムホイールを複数利用すると、車輪の向きとは異なるあらゆる方向に進むことのできる車両を作ることができます。

この機構を利用した機械は39で紹介します。

●ガイド部品の仕事の伝達方向
●仕事の原理を使って力を導出

図1　リニアガイド

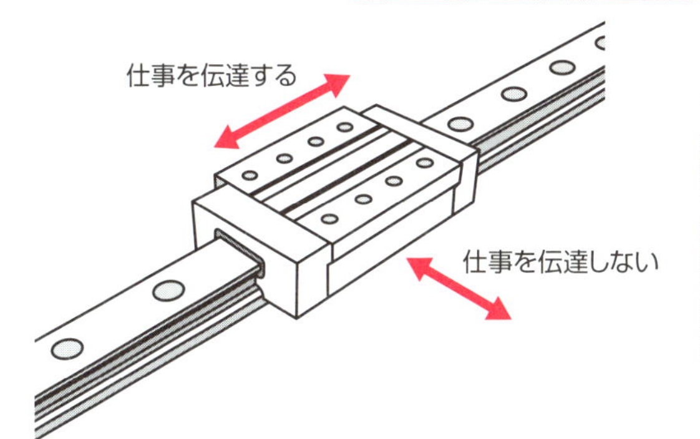

図2　ガイドの方向を変える

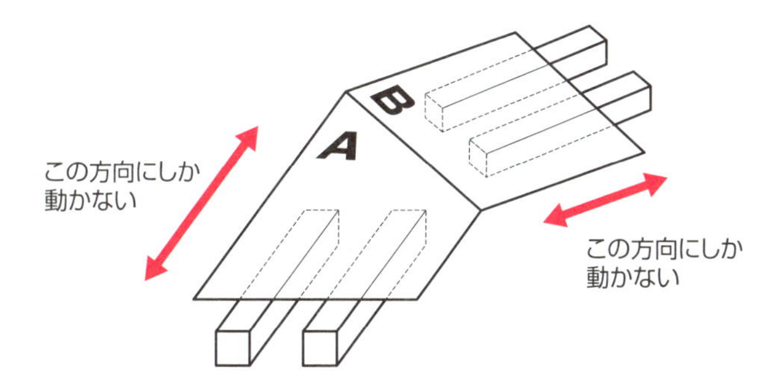

図3　板Aが1m動いたときの板Bの移動距離

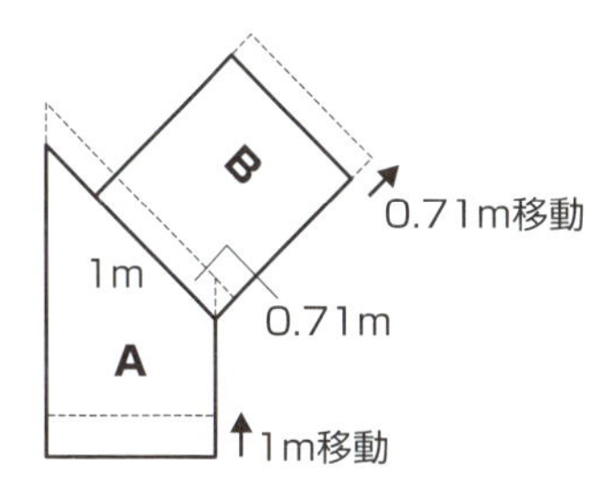

実線：元の位置
点線：移動後の位置

図4　メカナムホイール

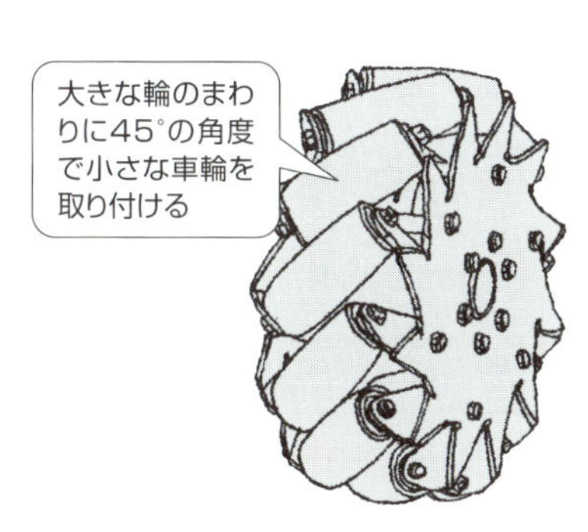

12 長いスパナが締め込み力が強い理由

力のモーメントと回転させる能力

運動する部材の「基準点から作用点までの距離」と「作用点における力の大きさ」に関する物理量を力のモーメントと呼びます。トルクとも呼ばれ、単位は力[N]に距離[m]を掛け合わせた[N･m]です。

力のモーメントは、基準点(基準位置)を回転させる能力を表し、大きければ大きいほど回転させようとする働きが強いことを意味します。

なお、モーメントには力以外にも慣性モーメントや曲げ強度を求めるための断面二次モーメントなど様々な種類があります。

図1の左は小さなスパナ、右は大きなスパナを示しています。ナットを締め込む際、左では回転中心(基準位置)からの距離が0.1mで力が1Nなので、力のモーメントMは1N×0.1m=0.1N･mとなります。一方、右は距離が0.2mで力が1Nなので、M=1N×0.2m=0.2N･mとなり、右の方が回転の効果が2倍強いことが分かります。

では、加える力の方向はどう影響するでしょうか。たとえば図2では回転の中心から作用点の方向(スパナの長手方向)と同じ方向に力を加えても回転効果は0Nmです。つまり回転させる力は、単に力の大きさだけでは決まらず、作用点の方向と力の方向のなす角度に依存したものになります。

したがって図3左のように力のモーメントMは「力の大きさF」×「回転中心から作用点までの距離r」×「なす角度θの正弦(sin)」で求められます。つまり、力のベクトルと作用点方向のベクトルのなす角度が90°のとき、最も回転させる効果が高くなります。

図3右のように、力のベクトルに直角になるような垂線hを引き、M=F×hで求める方法もありますが、①と②は、同じものになります。

要点BOX

- ●力のモーメントは回転させる効果
- ●力のモーメント=作用点までの距離[m]×力の大きさ[N]×なす角度[rad]の正弦

図1　短いスパナと長いスパナで力のモーメントを比較

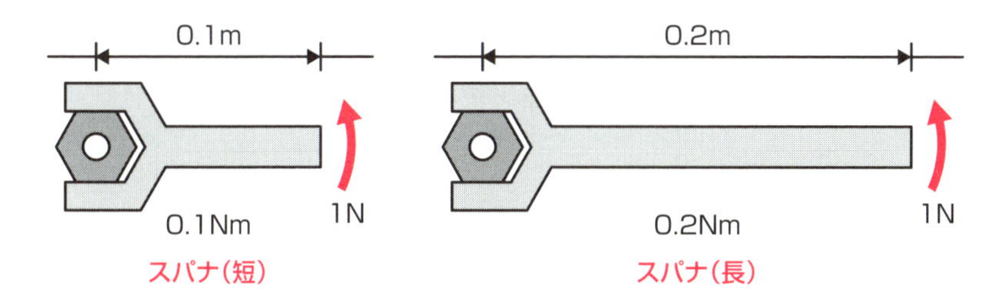

図2　回転の効果のない例

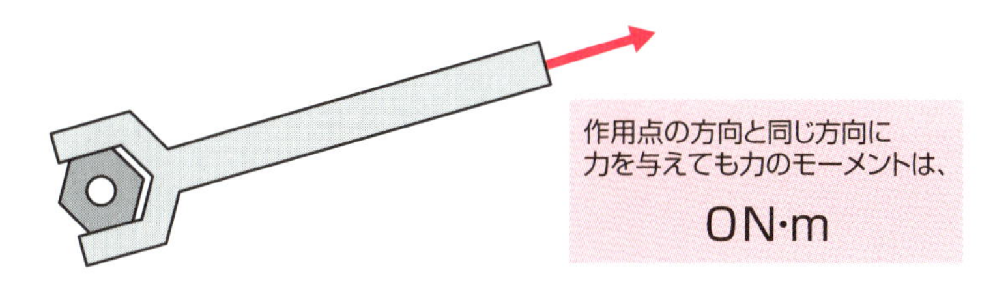

図3 力のモーメントの導出法

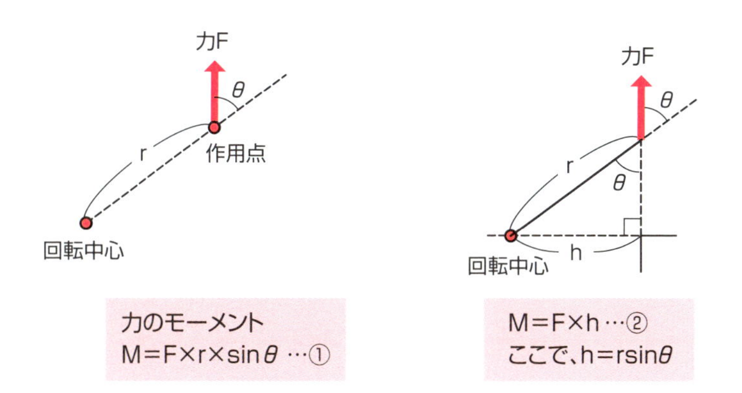

力のモーメント
$M=F \times r \times \sin\theta$ …①

$M=F \times h$ …②
ここで、$h=r\sin\theta$

13 力のモーメントを利用したボートの操船

力のモーメントを筆者が開発した全方向移動ボートに当てはめて考えてみましょう。図1は前進、回転、横進と全方向に移動するボートの概略図です。

ボートの後方には二つの船外機M_1、M_2が取り付けられており、それぞれプロペラによってf_1、f_2［N］の推力を発揮します。また推力の方向も自在に変更することができます。

さて、このボートを、(1)前進のみさせたいとき、(2)回転のみさせたいとき、(3)横進だけさせたいとき、二つの船外機の推力をどの方向に、どの大きさで発生させればよいでしょうか。ポイントは、力のつり合いと力のモーメントのつり合いです。

(1)の解答例(図2左)

$f_1=f_2$で、二つの船外機とも前進方向のみ出力します。すなわち、横の推力はなく、力のモーメントはボートの基準点Oに対して右回転方向に$f_1 r\sin\theta$、左回転方向に$f_2 r\sin\theta = f_1 r\sin\theta$で、左右の力のモーメントが相殺して回転しません。

(2)の解答例(図2中)

$f_1=f_2$の大きさで、船外機をそれぞれ前進・後進させます。横の推力はなく、二つの力が相殺していることは分かりますが、回転はどうでしょう。M_1については、基準点からの距離$rf_1\sin(\theta)$の左回転のモーメント、同様にM_2においても$rf_1\sin(\theta)$の左回転の力のモーメントが発生しており、左回転の運動のみをもたらします。

(3)の解答例(図2右)

これは少々難しくなります。$f_2= f_1$の大きさですが、f_1、f_2とも基準点から作用点への方向と、力のなす角度が0°なので回転モーメントは発生しません。前後方向の推力も打ち消し合い、足して左方向に$2f_1\cos\phi$ の大きさの推力が発生します。

実際、浜名湖で行われた筆者らの実験においても、理論通り、船は湖面を全方向移動したのです。

要点BOX
- ●全方向運動を可能にする推力と方向
- ●力と力のモーメントの2種類のつり合い

図１　全方向移動ボート概略図

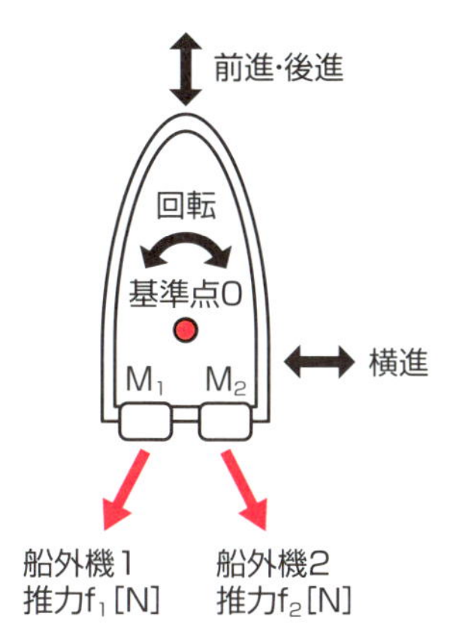

図２　前進、回転、横進させる時の船外機の向きと力の大きさ

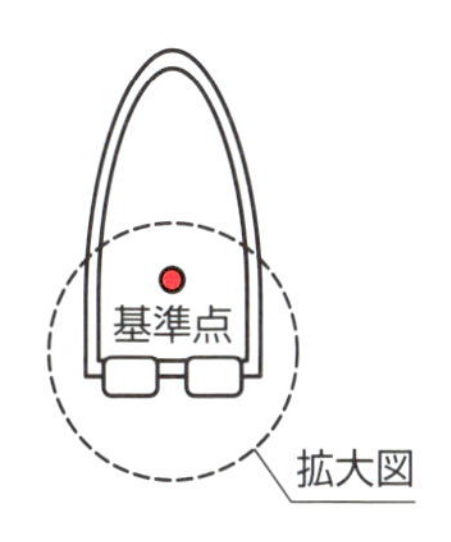

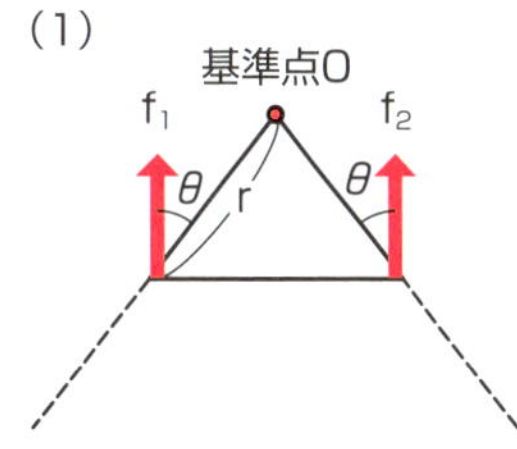

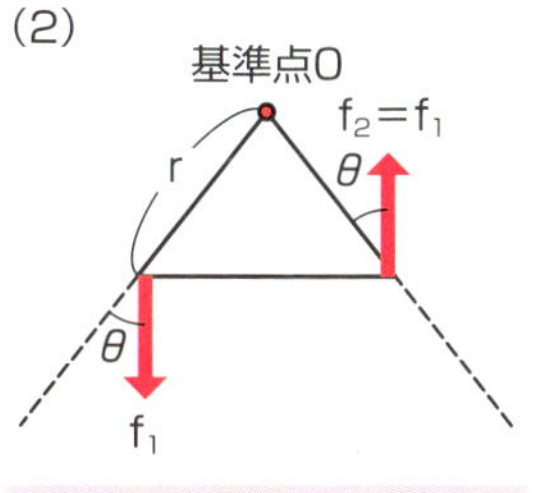

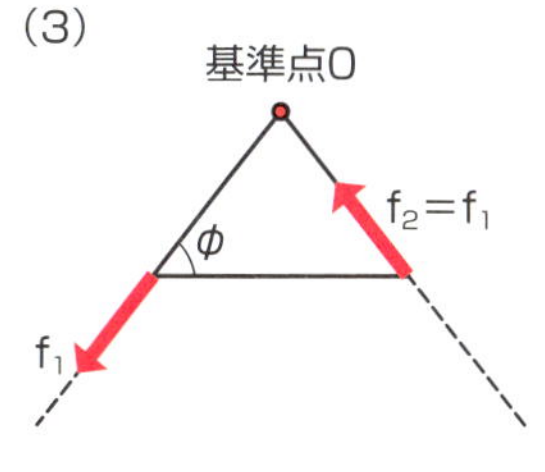

(1)
$M_1=f_1 r\sin\theta$（左回転）
$M_2=f_1 r\sin\theta$（右回転）
力のモーメントは0
横の推力0
前方の推力$2f_1$

(2)
$M_1=f_1 r\sin\theta$（左回転）
$M_2=f_1 r\sin\theta$（右回転）
力のモーメントは$2f_1 r\sin\theta$
横の推力0
前の推力0

(3)
$M_1=0$
$M_2=0$
力のモーメントは0
横の推力$2f_1\cos\phi$
前の推力0

14 二つのプーリの径とトルクの関係

ベルト駆動の仕事の原理

10で仕事の原理を説明しましたが、回転系においても仕事の原理は成立します。

回転系における仕事の定義は力のモーメント[N・m]×回転した角度[rad]ですが、3で述べたように[rad]は無次元なので単位は10と同様のN・m＝Jです。

図1上に示すようにベルトを介して二つのプーリが回転しているとき、仕事や力のモーメント（以降、トルクと呼ぶ）はどうなるでしょうか。プーリA、Bの半径がそれぞれ100㎜、80㎜とすると、Aが1rad回転するとき、ベルトは半径と同じだけ100㎜移動します。当然Bも弧の長さが100㎜になるような角度だけ回転しますが、ある角度における弧の長さ÷半径がその角度[rad]の定義なので、Bの回転角度は100mm÷80mm＝1.25radになります。すなわち、径が小さくなると伝えられる回転角度は大きくなります。

一方、Aに1N・mのトルクを与えていたとすると、ベルトを引く力は1N・m÷100mm=10Nになります。ベルトは同じ力でBを回転させようとするのでBの軸まわりのトルクは10N×80mm=0.8N・mとなります。すなわち、径が小さくなると伝えられるトルクは小さくなります。

それでもAの仕事は1N・m×1rad=1N・m=1J、Bの仕事は0.8N・m×1.25rad=1N・m=1Jとなるので、仕事は変化していません。

径の異なるプーリを密着して回転させる場合はどうでしょうか（図2）。内側のプーリAの半径r_1[m]、外側のプーリBの半径r_2[m]として、Aをベルトがf_1[N]で引っ張るとき、軸まわりのトルクは$f_1 \times r_1$[Nm]となります。

Bも同じ軸を共有しているのでトルクは変化することなく$f_2 \times r_2 = f_1 \times r_1$[N・m]となります。したがって、外側のベルトの張力f_2は、$f_1 \times r_1 / r_2$[N]となります。

●仕事はトルク[N·m]×回転角度[rad]で算出する
●径の異なるプーリでも同一トルク

図1　ベルト電動機構によるトルクと回転の伝達

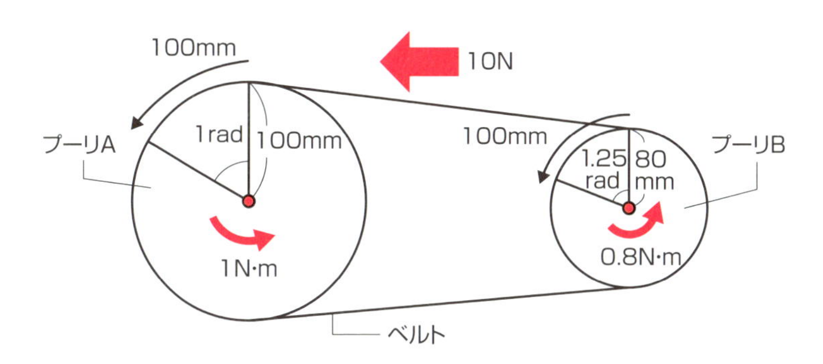

図2　径の異なるプーリの張力関係

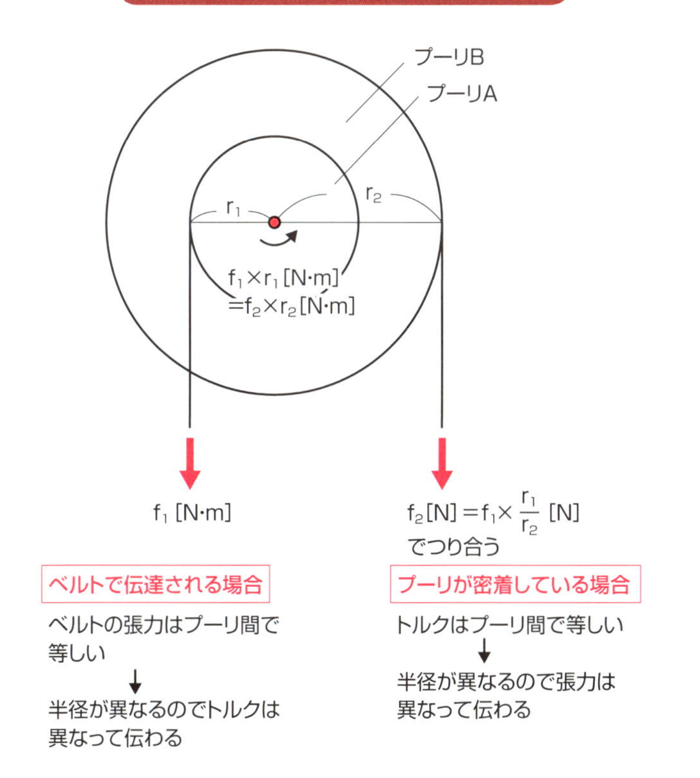

15 自転車のギアを落とすと推力が増える理由

トルクの推力への変換

これまでの知識を総動員して自転車の運動を考えてみます。自転車は図1のように、ペダルに取り付けられた前スプロケットと、タイヤに固定された後スプロケットをチェーンで接続する構成です。

人がペダルに加える力f[N]が逐次伝わり、最終的にタイヤが路面を蹴る推力F[N]に変換されますが、Fはどのような式で表されるでしょうか。

まず、人がf[N]で踏み込むと、それはペダルの軸まわりのトルク$f \times r$[N・m]になります。そのトルクはチェーンの張力f_1×前スプロケットの半径r_1に等しいので、f_1[N]$=f \times r/r_1$となります。このとき、後スプロケットの軸まわりのトルクは、$f_1 \times r_2 = f \times r/r_1 \times r_2$となります。これがタイヤまわりのトルクと等しいので、$f \times r/r_1 \times r_2 = F \times R$となります。これからFを求めると、

$$F=f \times (rr_2)/(r_1 R) \quad \cdots ①$$

を得ます。

このことから、推力Fを大きくしたいなら後スプロケットの半径(歯数)r_2を大きくするか、前スプロケットの半径(歯数)r_1を小さくすればよいことになります。坂道で推力が必要になると変速ギアを落としますが、これはr_2を大きくしているのです。

もちろん、推力を増しても仕事は変化しません。ペダルを1rad回転させるとチェーンはr_1[m]移動します。これにより後スプロケットはr_1/r_2[rad]回転し、自転車が進む距離x[m]は、

$$x=r_1 R/r_2 \quad \cdots ②$$

です。すなわち、推力を増やすとペダル一回転あたりの距離は短くなります。このとき人がペダルに対して行った仕事は$f \times r$[N・m]×1rad$=f \times r$[J]です。タイヤが自転車に対して行った仕事は、①、②を代入すると推力F[N]×移動した距離x[m]$=f \times r$[J]になります。結局、仕事は増えも減りもしません。

要点BOX

- ●スプロケットの径と推力の関係
- ●推力を変えても仕事は変わらない

図1　自転車の構造

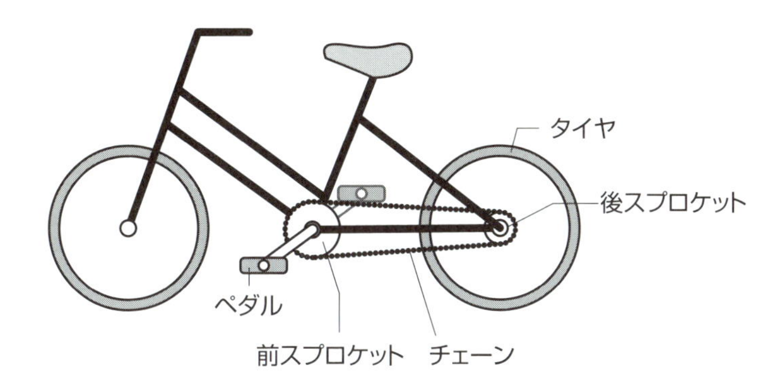

図2　自転車のトルクと運動の伝達

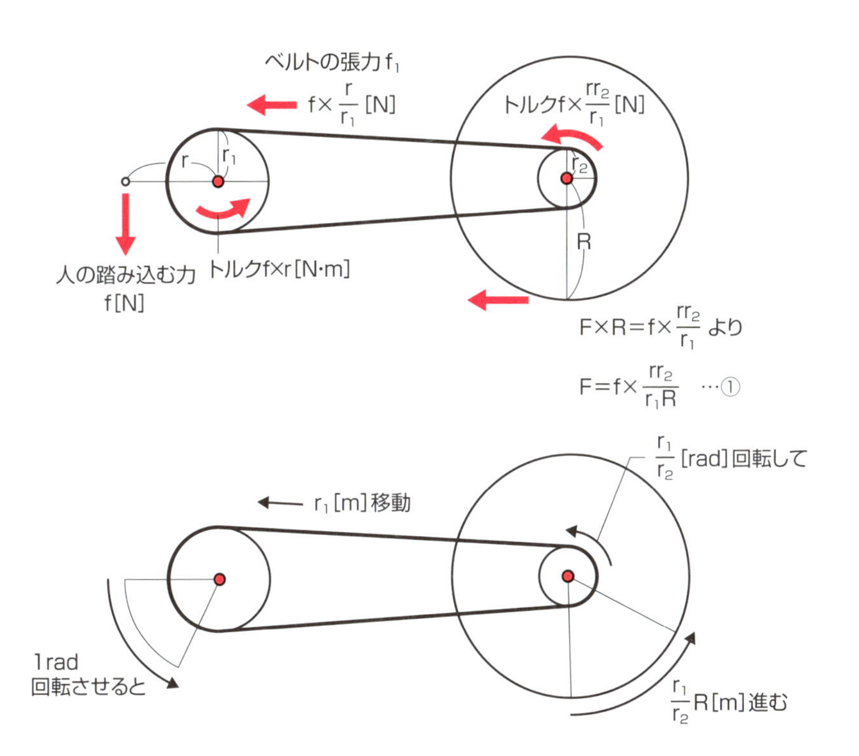

16 平行リンクでは必要なトルクが小さくて済む

1リンクと平行リンク

平行リンクは、図1のような二つのリンク(剛体の棒)と四つの回転軸を持っている機構です。軸Oまわりにリンク A を回転させると、リンクBが側面Cと常に平行を保ったまま移動することからこの名前が付けられています。

平行リンクは、姿勢を変えることなく上下動できるため、様々な場面で使われます。筆者らがオチアイネクサス社[*1]と共同開発したパワーアシスト搬送装置(図2)でも、この機構が使用されています。

さて、図3上図は長さL[m]の一本のリンクに荷物が取り付けられた単純な機構です。図3下図は長さr[m]のリンクAに、台座部分が付加されて軸Oから荷物までの長さがL[m]に延長された平行リンクが示されています。

この二つの機構で質量m[kg]の荷物を水平に支えるために必要な軸Oまわりのトルクは、それぞれ異なるでしょうか。なお、ここではリンク自体の質量は0kgとします。

上図では荷物の重さmg[N]×リンク長L[m]=mg×L[N・m]が必要なトルクです。下図も同様に思えますが、実はmg×r[N・m]になります。付加された台座の長さには依存せず、下図の方が小さくなります。なぜそうなるのでしょうか?

ここでも仕事の原理が活躍します。仮に、あるトルクτ[N・m]を加えたときに、わずか0.01radだけリンクの角度が変化したとします。このとき、上図では荷物は0.01L[m]だけ上方に移動したことになり、荷物が受けた仕事はmg×0.01L[N・m]になります。

一方、下図では0.01 r[m]だけしか上方に移動せず、荷物が受けた仕事はmg×0.01 r[N・m]になります。荷物の受けた仕事はトルクのした仕事τ×0.01radに等しいはずなので、等式を解くと、上図はτ=mg×L[N・m]、下図はτ=mg×r[N・m]になるのです。

要点BOX

●平行リンクは、姿勢を変えずに物体を移動
●平行移動はトルクに関与しない

図1　平行リンクの運動

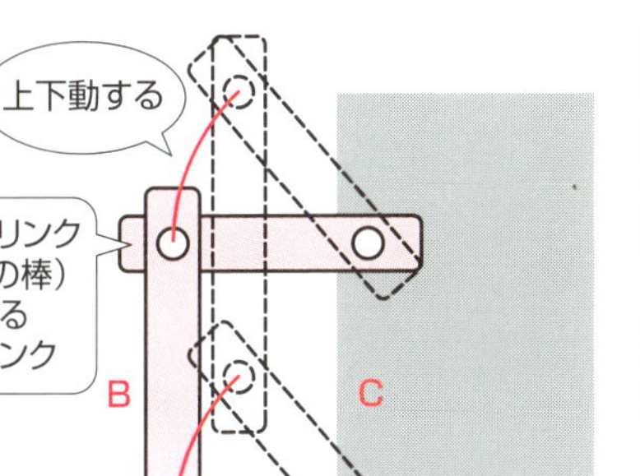

図2　パワーアシスト装置

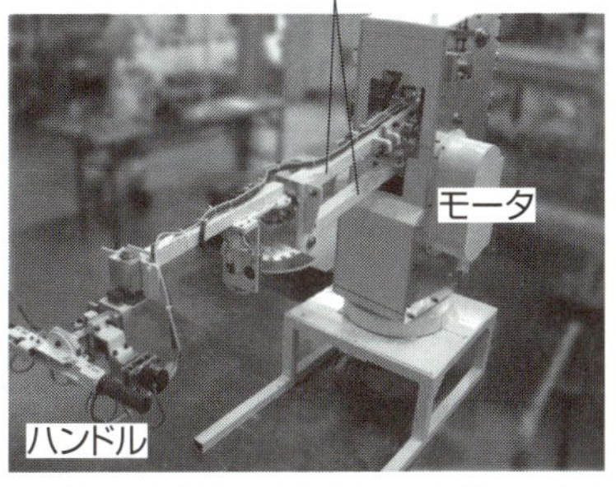

ハンドルに加えた力を検知して,内部モータで平行リンクを上昇させ,重量物を軽い力で持ち上げる装置

*1　㈱オチアイネクサス:愛知県岡崎市に本社を置く自動機メーカー。

図3　1リンクと平行リンクの比較

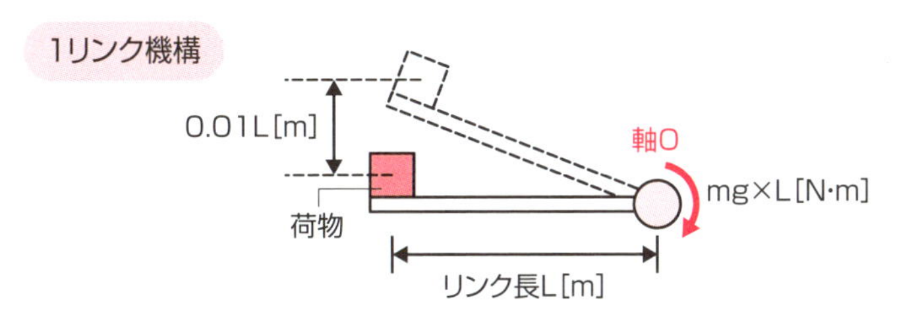

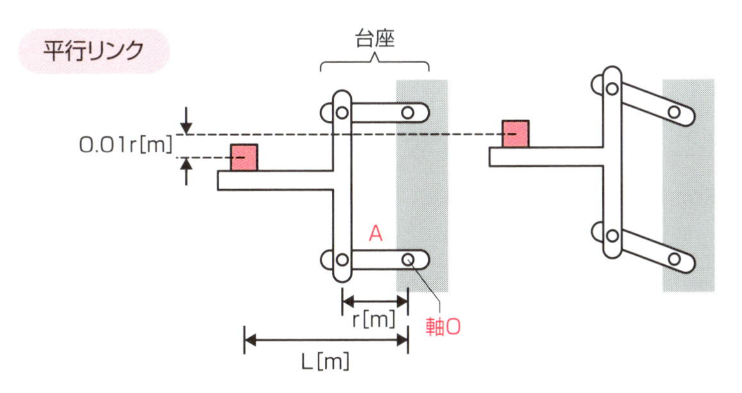

17 直線運動と回転運動が入り混じった機械の運動を考える

仮想仕事の原理

トルクを求めるために、16では「わずかに角度が変化した」という仮定で仕事の原理を説明しました。この方法を数学的に記述したものが「仮想仕事の原理」です。仕事の原理と同様、あるつり合いの状態からの変化を考慮し「その際の仕事の総和は0である」、つまり外から余分な仕事もやって来ず、内部で減ることもないことを前提としています。

実際の機構では、回転系と直線系が混在して運動します。例えばロボットは回転系であるモータを駆動して、物体を直線的に搬送します(図1左)。

一方、自動車ではシリンダ内部のピストンは直線運動をしており、その運動がクランクを経由して回転運動になり、最後はタイヤを経由して道路上の直線運動になります(図1右)。仮想仕事の原理は、こうした複雑な運動の力関係を求めるのに有効です。

図2のように、ある機械においてθという座標系を持った駆動源がτの駆動力を発揮していたとします。このとき、その機械の先端がxという座標を持ち、fという力を発揮して周囲の環境とつり合っていたとします。このとき、この機械は-fという力を受けていることになります。そこで、それぞれ微小変位Δθ, Δx化するならば、

$\tau\times\Delta\theta+(-f\times\Delta x)=0$…①

が成り立ちます。入ってきた仕事が増えもせず減りもせずそのまま出ていくと考えて、

$\tau\times\Delta\theta=f\times\Delta x$…②

と考えると分かりやすいでしょう。

もしその機械が$x=f(\theta)$の関係式を持っていたならばθが少しだけ変化したときのxの微小な変化dxの傾きは、微分$dx/d\theta$で表せるので、②式は数学的に、

$\tau=f\times dx/d\theta$…④

と表現できます。このときfを求める場合は、次式で導出できます。

$f=1/(dx/d\theta)\tau$…⑤

●仮想仕事の原理では、微小変化の際の仕事の総和は0とする
●現実の機械は直線系と回転系が混在している

図1　回転運動と直線運動の混在システム

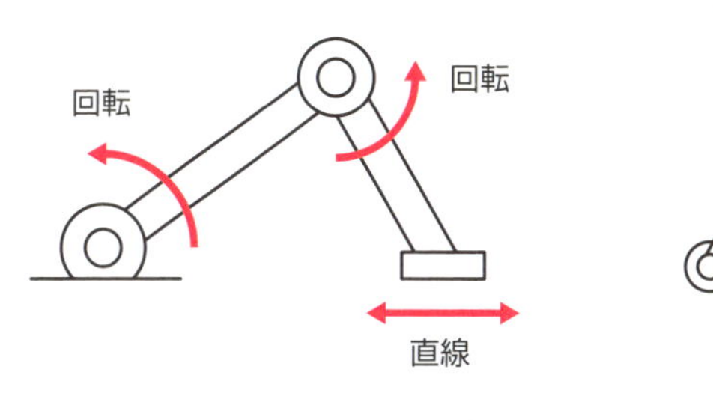

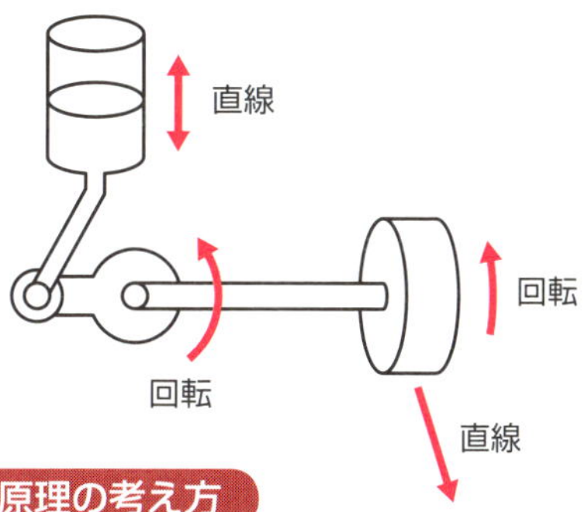

図2　仮想仕事の原理の考え方

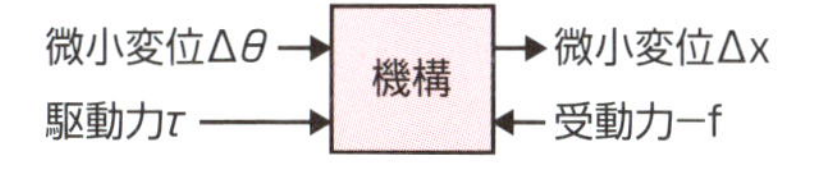

仕事の総和はゼロ

$\tau\Delta\theta - f\Delta x = 0$　…①

微小変位Δθ → 機構 → 微小変位Δx

駆動力τ → 機構 → 発揮力f

同一の仕事

$\tau\Delta\theta = f\Delta x_0$　…②

図3 微分とトルク力の関係

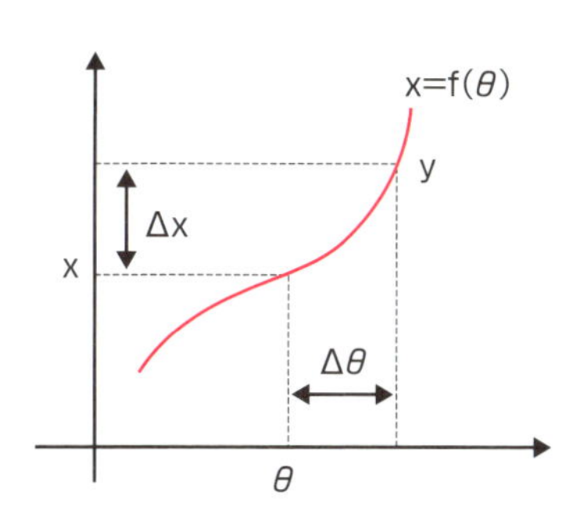

傾き $\frac{\Delta x}{\Delta\theta} = \frac{dx}{d\theta} = \frac{df(\theta)}{d\theta}$

微小変位Δxは $\frac{dx}{d\theta}\Delta\theta$　…③

$\tau\Delta\theta = f\Delta x$より　$\tau = f\frac{dx}{d\theta}$　…④

$f = \frac{1}{\frac{dx}{d\theta}}\tau$　…⑤

45

18

1リンク機構の生み出す力を求める

トルクのつり合いと仮想仕事の原理

例えば1本の棒（剛体）の根元にモータが装着されている1リンク機構が発揮する力を求めてみます。図1において、長さ0．1mのリンクの先端が壁を押すとします。このとき壁は滑らかで、垂直方向の力のみが発生するものとします。

軸Oのモータが50N・mのトルクを発揮しているとき、このロボットは何Nの力で壁を押すことができるでしょうか。

以下の2つの方法で検証してみましょう。

(1)トルクのつり合いで求める方法

図2左のように、リンクが角度θ[rad]で壁を押しているとき、壁を押す力と壁から押される力はつり合っているはずです。このときトルクτは、τ=50=0.1×cosθ×fなので、

f=500/cosθ…①

となります。すなわち、押しつけ角度によって変化し、最小は0radのときに500N、最大はπ/2radのときに∞Nになります。

(2)仮想仕事の原理で求める方法

今、考えているのは壁を押すy方向だけなので、先端のy座標と回転角θの関係を求めると、y=sinθとなります。微小変位Δθに対する微小変位Δyの傾きは、y=0.1sinθをθで微分して、

dy/dθ=0.1cosθ

となります。したがって17の⑤式から、

f=500/cosθ…②

となり、(1)と同じ式になります。

この機構は、実際に筆者らがケー・イー・アール社[*2]との共同研究で開発した全方向移動ベッドの寝返り補助機能に用いられています。

機械は一見して複雑そうに見えても、実際には単純な機構の組み合わせによって巧妙に出来上がっているのです。

●ロボットの発揮力はリンク角度がキーになる
●トルクのつり合いと仮想仕事の原理の関係を理解しよう

図1 壁を押す1リンク機構

何Nで壁を押すか?

50Nm

図2 トルク力を求める2つの方法

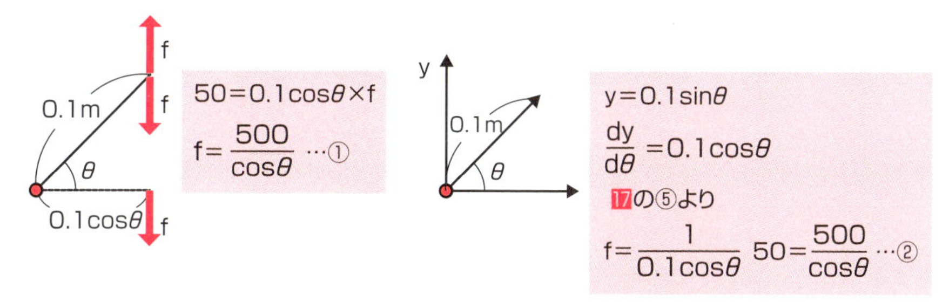

(1)トルクのつり合いで求める

(2)仮想仕事の原理で求める

図3 寝返り補助機能付全方向駆動ベッド

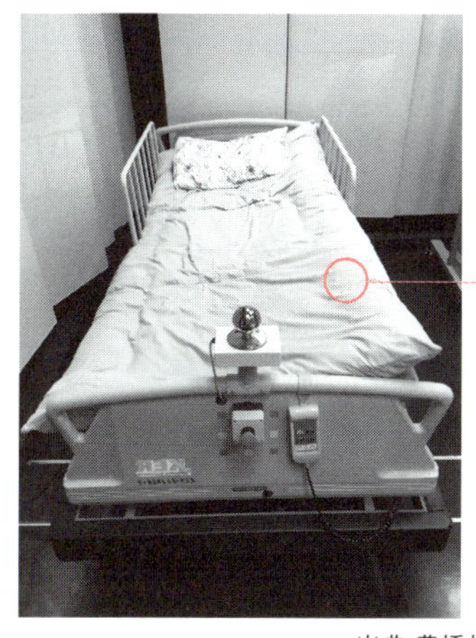

○部下に、寝返り支援機構としての1リンク機構が組み込まれている

出典:豊橋技術科学大学システム制御研究室

*2 ㈱ケー・イー・アール:愛知県豊川市に本社を置く、機器製造メーカー。

19 2リンク機構先端の位置を算出する

2リンク機構の運動学

本節では、産業用ロボットにしばしば用いられる2リンク機構の運動学を考えます。

2リンク機構は、それぞれのリンクの根元にモータが取り付けられており、この2つのモータを回転させることで先端位置を設定できる機構になっています。

図1において、リンク1の先端のx、y座標は、

$x=r_1\cos\theta_1$　$y=r_1\sin\theta_1$…①

で与えられます。そこからさらに、リンク2の先端のx座標は図1の②式のように求められます。θ_2の角度はリンク1の延長線とリンク2のなす角度なので、リンク2の座標を求める際には2つの角度を足し算する必要があります。

さて、ここで入力となる変数と出力との間の微分の関係を考えます。入力となる変数が微小変位したときの出力の変位は、変数が1つなら17の図3③の式で表されますが、変数が2つあるときはどうなるでしょうか。図2は、3次元的な図になっていますが、平面上の2つの座標軸は入力となる変数のθ_1とθ_2を表し、縦軸はそのときの関数$x=f(\theta_1,\theta_2)$を表します。

まず、θ_1のみが変化するとき（θ_2は変化しない）の出力の微小変位Δx_1は、

$\Delta x_1 = \partial x/\partial\theta_1\times d\theta_1$…③

となります。次にθ_2のみが変化するとき（θ_1は変化しない出力）の微小変位Δx_2は、

$\Delta x_2 = \partial x/\partial\theta_2\times d\theta_2$…④

です。実際には$\theta_1\theta_2$ともに変化するので、両方の変化分を足し合わせて、真の微小変位Δxは、

$\Delta x=\partial x/\partial\theta_1\times d\theta_1+\partial x/\partial\theta_2\times d\theta_2$…⑤

となります。

手先位置のx、y座標の式は図1の②で与えられており、Δyも同様に考えると、図2の⑥式となります。これが微小変位$\Delta\theta_1$、$\Delta\theta_2$に対する先端の微小変位Δx、Δyの関係式です。

要点BOX

- ●リンク機構の運動学
- ●仮想仕事の原理には偏微分の計算が必要
- ●2変数の微小変位は、それぞれの変位の足し算

図1　2リンク機構の座標関係

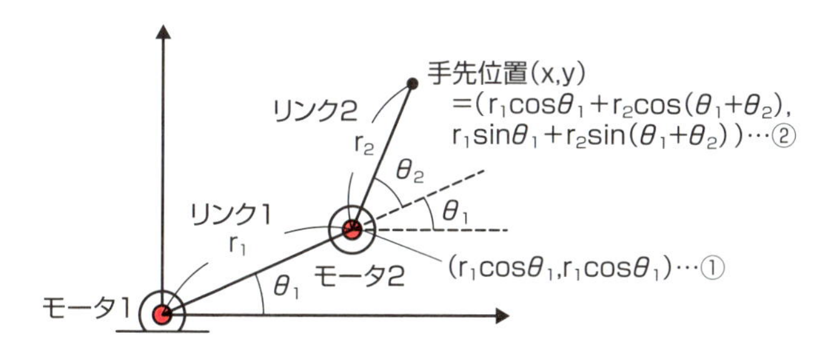

図2　2変数の微分の関係

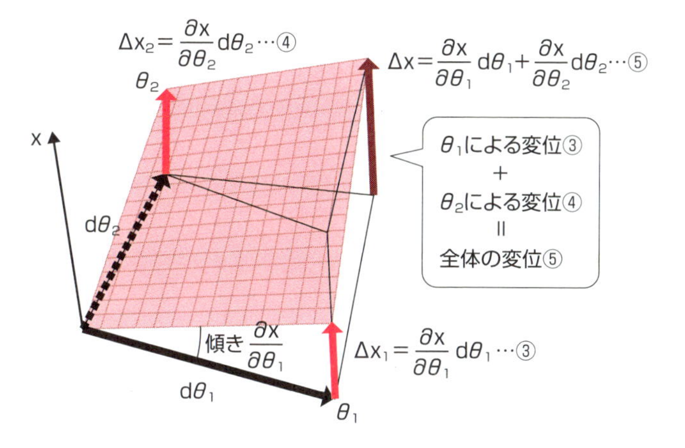

$$\frac{\partial x}{\partial \theta_1}=-r_1\sin\theta_1-r_2\sin(\theta_1+\theta_2)、\frac{\partial y}{\partial \theta_1}=r_1\cos\theta_1+r_2\cos(\theta_1+\theta_2)$$

$$\frac{\partial x}{\partial \theta_2}=-r_2\sin(\theta_1+\theta_2)\qquad、\frac{\partial y}{\partial \theta_2}=r_2\cos(\theta_1+\theta_2)$$

$$\begin{cases} dx=-d\theta_1(r_1\sin\theta_1+r_2\sin(\theta_1+\theta_2)-d\theta_2 r_2\sin(\theta_1+\theta_2) \\ dy=d\theta_1(r_1\cos\theta_1+r_2\cos(\theta_1+\theta_2)-d\theta_2 r_2\cos(\theta_1+\theta_2) \end{cases}\cdots⑥$$

20 2リンク機構の生み出す力

仮想仕事の原理でトルクを算出する

2リンク機構の先端に所望の力を発生させるためには、どれだけモータトルクを発生させればよいかを仮想仕事の原理を用いて導いてみましょう。

モータがトルクτ_1、τ_2を発生することによって、それぞれ微小変位$\Delta\theta_1$，$\Delta\theta_2$を生じるとすれば、その仕事の総和は、

$$\tau_1\times\Delta\theta_1+\tau_2\times\Delta\theta_2$$

となります。この仕事がそのままロボットの先端の力（f_x、f_y）を発生しながら機械先端を微小変位（Δx、Δy）させるので、先端での機械の仕事の総和は2軸分合わさって、

$$f_x\times\Delta x+f_y\times\Delta y=\tau_1\times\Delta\theta_1+\tau_2\times\Delta\theta_2 \cdots ①$$

となります。前節のΔx、Δyの関係式⑥を①式に代入すると、②式のようになります。

この式はいかなる$d\theta_1, d\theta_2$においても成り立たつはずなので、両辺の$d\theta_1, d\theta_2$の係数は同じ値になるはずです。すなわち、

$$\tau_1=(f_x Ax_1+f_y Ay_1),\ \tau_2=(f_y Ax_2+f_y Ay_2) \cdots ③$$

が求められます。したがって、例えば、$r_1=r_2=0.3m$，$\theta_1=45°$，$\theta_2=90°$の状態で、$f_x=f_y=10N$の力を発揮しようとすると、$\tau_1=\tau_2=4.2N\cdot m$となることが求められます。

今や2リンクロボットは医療・福祉分野にも活用されようとしています。筆者らの開発したリハビリロボットでは、患者はリンクの先端に取り付けられたグリップを握ります（図2）。

ロボットの適切な発揮力を理学療法士が定めることで、ロボットはその力が出力されるように各モータのトルクを発生させます。患者はロボットに対抗する抵抗力を発することで、弱まった筋力を効率良く強化していくことができます。

ただ思いどおりの力を出すだけでも、このような複雑な計算が必要となります。

- ●リンク機構における所望の発揮力からモータトルクを導く
- ●トルク算出には複雑な三角関数の計算が必要

図1　2リンク機構の仕事の関係式

入力		出力
微小変位$\Delta\theta_1$、θ_2 →	機構	→ 微小変位Δx、Δy
モータトルクτ_1、τ_2 →		→ 発揮力f_x、f_y

入力した仕事$\tau_1\Delta\theta_1+\tau_2\Delta\theta_2$＝出力した仕事$f_x\Delta x+f_y\Delta y$ …①

17⑥において、
$$\begin{cases} Ax_1=-r_1\sin\theta_1-r_2\sin(\theta_1+\theta_2) \\ Ax_2=-r_2\sin(\theta_1+\theta_2) \\ Ay_1=r_1\cos\theta_1+r_2\cos(\theta_1+\theta_2) \\ Ay_2=r_2\sin(\theta_1+\theta_2) \end{cases}$$

として、①に代入すると

$$\tau_1\Delta\theta_1+\tau_2\Delta\theta_2=f_xAx_1\Delta\theta_1+f_xAx_2\Delta\theta_2+f_yAy_1\Delta\theta_1+f_yAy_2\Delta\theta_2$$

したがって$\tau_1\Delta\theta_1+\tau_2\Delta\theta_2=(f_xAx_1+f_yAy_1)\Delta\theta_1+(f_yAx_2+f_yAy_2)\Delta\theta_2$ …②

したがって、
$$\begin{cases} \tau_1=(-r_1\sin\theta_1-r_2\sin(\theta_1+\theta_2))f_x+(r_1\cos\theta_1+r_2\cos(\theta_1+\theta_2))f_y \\ \tau_2=-r_2\sin(\theta_1+\theta_2)f_x+r_2\cos(\theta_1+\theta_2)f_y \cdots③ \end{cases}$$

図2　2リンク機構によるリハビリロボット

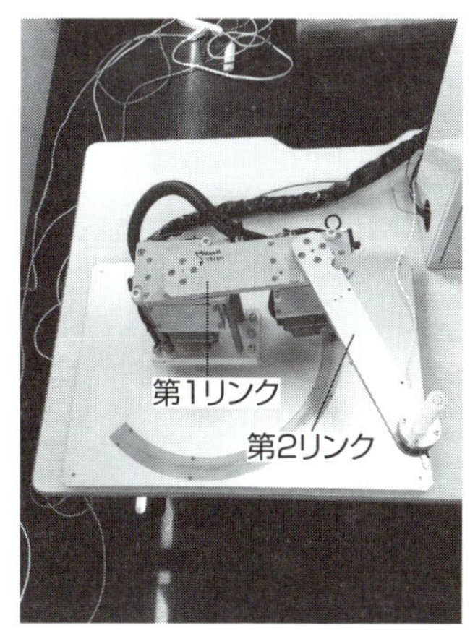

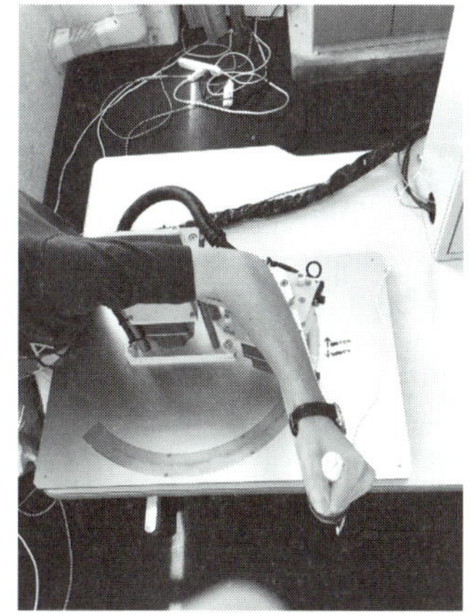

ロボットが肘や手先の曲げ力を発揮し、ユーザーがその力に対抗することで、リハビリテーションを効果的に実施する

出典:豊橋技術科学大学システム制御研究室

21 1リンク機構に作用する様々な力

設計時に考慮すべき様々な因子

機械力学と材料力学の間には、切っても切り離せない関係があります。

どんなに素晴らしい性能の機械でも自身が発生する力で破壊されるようでは用をなしません。逆にどんなに丈夫な機械を作っても重すぎて動きが鈍くなれば本末転倒です。

では、およそ一つの機械を作るのに、どのくらいの力を考慮しなければならないのでしょうか。

図1は18で取り上げた長さL[m]の1リンクロボットです。まず、リンクには壁との間に押しつけ力F[N]が作用しますが、軸からはこれに対抗する力F'も働きます。すなわち、リンクにはFの分力であるせん断力F_1[N]が図1に示した分布で作用しています。さらに、Fのもう一つの分力であるF_2(F_2')がリンクに対する圧縮力として加算されます。

一方、このFはリンクに対する曲げモーメントとしても作用し、図の分布を持ちます。

軸の強度も問題になります。軸をモータ内のベアリングで固定された片持ち梁として考えると、軸にはFによって発生するトルク(ねじりモーメント)によるせん断応力とやはり同じくFによって発生する曲げモーメントが作用します(図2)。それらが合成されて最大せん断応力や最大曲げ応力、最大垂直応力が決定されるので、これらの応力に負けない軸の選定が必要です。

位置精度を重要視されるロボットの場合は、軸やリンクのたわみも計算して、たわみが精度に悪影響を及ぼさないようにリンクを選定します。

このように、最も単純な機械である1リンク機構ですら、数多くの許容モーメントやたわみを考える必要があります。最近では、CAE(Computer Aided Engineering)ツールを用いることで、設計者が細かな計算を施さなくとも、機械内部の応力をコンピュータが計算してくれます。

要点BOX

●リンク機構一つを設計するのにも様々な因子の影響を考慮

図１　リンクに作用する力やモーメント

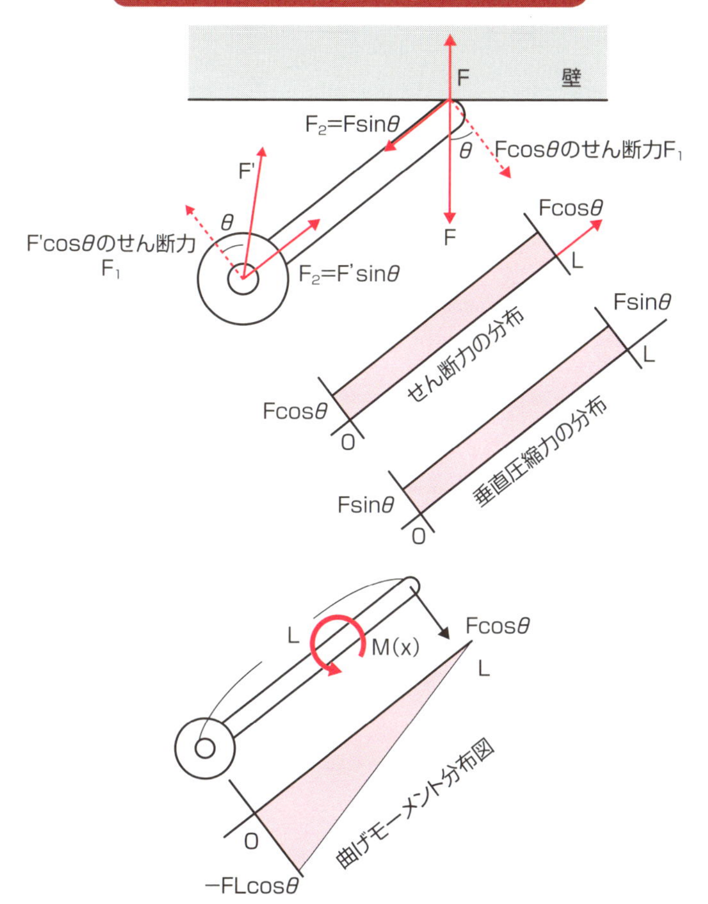

図２　軸に作用する力やモーメント

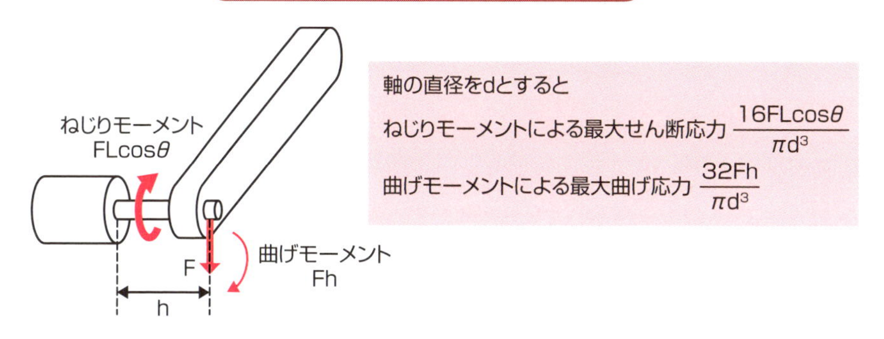

Column

機械を作る者の責任

機械を作るための苦労は、近年つとに増しています。その原因の一つに、年々ルールが多くなっていることがあります。製造物責任法（PL法）はその典型例です。

同法は「製品に欠陥があってユーザーが損害を被った場合、メーカーは損害を賠償しなければならない」というものです。一見すると当然に思えますが、問題は欠陥のとらえ方です。商品が思いもよらない使われ方をした場合であっても、それが予見されると判断されればメーカーは損害を賠償しなければなりません。

機械は使い手があってはじめて機能します。だからこそ「安全な」機械を作るためには、様々なルールと真摯に向き合う必要があるのです。

さて、そうした安全な機械を作るための学問として「システム安全」という専門分野があります。ここでは安全な機械を作るためのルールを徹底的に学びます。

機械安全のルールは、ISO／IECの方針「Guide 51」に基づい策定された「ISO 12100」「ISO 14120」「ISO 13850」「ISO 13854」「ISO 13849」、また「IEC 61508」「IEC 60204」とこれらに相当するJISをはじめ非常にたくさんのものがあります。さらに、これらに加えて自動車なら自動車で個別に策定している固有の規格にも精通しておく必要があります。ISO規格は、先人たちが安全上必要であると考えたこれまでの理論や経験の上に、最新の知見も踏まえて、国際間の合議のもとに成立しています。

筆者が教鞭をとっている長岡技術科学大学にもこのシステム安全の学科（専攻）が設置されています。同専攻は、専門職大学院と言って、実務経験を有する社会人の方を対象に、高度技術者を育成する場所です。修了をすれば「システム安全修士（専門職）」の学位が授与されます。システム安全とは、工学の知見と法規・安全規格類を基盤とした安全技術とマネジメントスキルを統合したものです。

ぜひ一度、社会人の方はこちらのホームページを訪問してみては如何でしょうか。

第3章

回転を伴う機械要素の力学

22 大きさや形を持った物体の運動方程式

剛性の要素・重心

第1章では質点に対する運動方程式を考えましたが、本章では回転を伴う運動方程式を考えます。そしてこの回転運動を考えるときに必要になるのが「剛体」の概念です。

剛体とは、力を加えても変形しない物体をいいます。質点には大きさや形がないので、剛体のみにあてはまる性質です。

これにより「重心」や「慣性モーメント」という、機械をモデル化する際に欠かせない物理量が生じます。第1章で解説した「質量」と合わせて、この三つが剛体の基本的なパラメータです。本節では特に重心について説明します。

重心とは、その物体の質量分布の平均位置で、単位は[m]です。図1のように、質量M[kg]の物体を細かく刻んで、一つ一つの質点の質量をm_i[kg]としたときの$\Sigma m_i \times r_i / M$の値です。ここで、$r_i$[m]は原点から質量$m_i$までの位置ベクトルです。

質量の平均位置なので、その点を中心に考えたときに、周辺のどこかに質量の偏りはありません。つまり、図2左のように重心を指先で支えると、物体は傾くことなく、そのままの姿勢が維持されます。

実際の剛体は立体なので重心は剛体内部にあります。イメージし難いですが、図2右のように、その重心に力を加えると、物体は回転することなくそのままの姿勢で加速していきます。これは質点に力を加えているのと同じ振る舞いなので運動方程式は、

1. 剛体を質点とみなして考える式
2. 剛体を回転する物体とみなして考える式

の2式から構成できるとも言えます。

具体的な重心の例を考えましょう。

図3(1)の球の重心は、球の中心。(2)の直方体は、相対する頂点を結んだ交点。(3)の三角平板は、辺の中点を結んだ交点で、厚み方向には真ん中の点になります。

要点BOX

- ●剛体の三要素は質量、重心、慣性モーメント
- ●重心に力を加えて移動させても姿勢は変わらない

図1　重心の位置

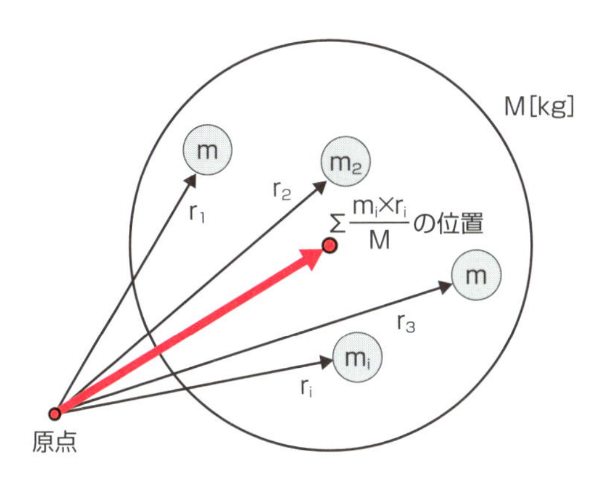

図2　重心の性質

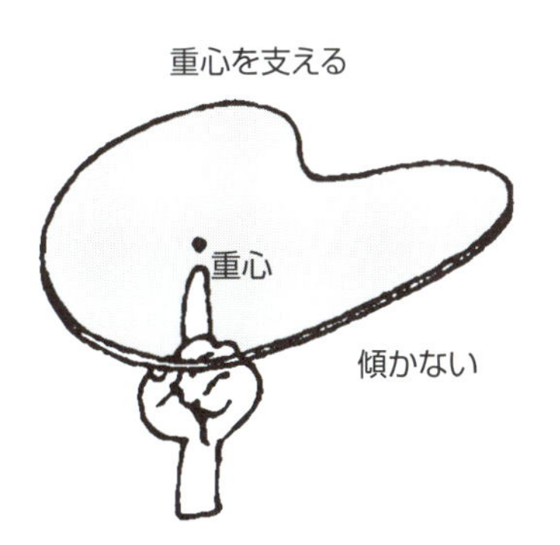

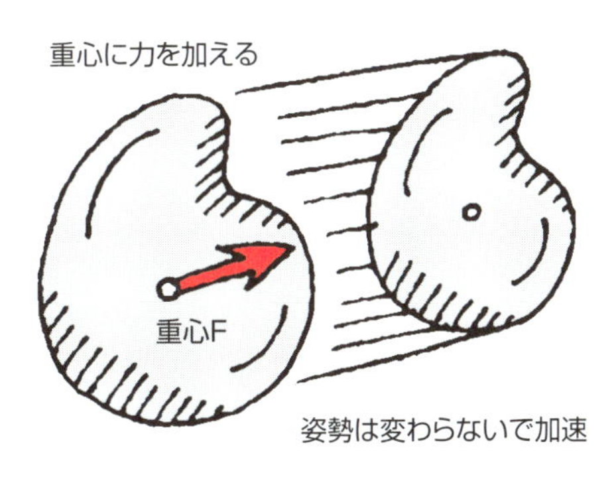

図3　様々な物体への重心の位置

(1)球

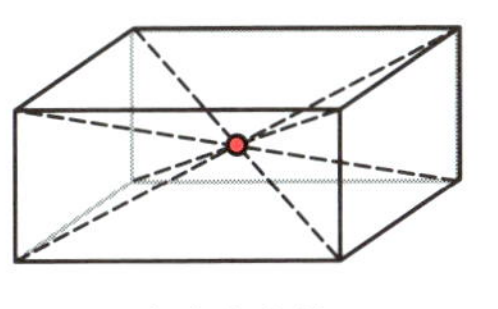

(2)直方体

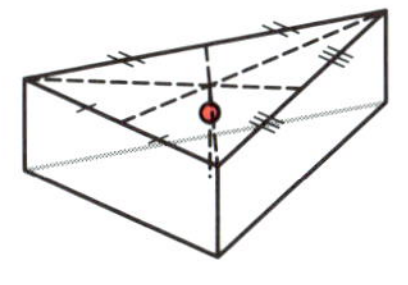

(3)三角平板

23 回転運動の速度・加速度・慣性力

角速度と角加速度

　回転運動に関する基本的な物理量を確認していきましょう。
　まずは角度[rad]。これはその角度の弧の長さと半径との比を表すもので、3で説明したように1rad≒57.3°です。
　次に角速度[rad/s]は、1秒あたり回転角を表します。角度が時間関数θ(t)である場合、θ(t)の微分$\dot{\theta}$(t)で表されます。
　工業的には、1分間あたり何回転するかという[rpm](revolutions per minute：回毎分)という単位がよく使われます。3000rpmとは、1分間に3000回転=1秒間に50回転=1秒間に50×2π[rad]回転するスピードなので、ざっと300rad/sに相当します。つまり、rpmを10で割ることでおよその角速度[rad/s]に換算されます。
　最後に、直線運動の加速度に対応するものが角加速度[rad/s^2]です。1秒あたりどのぐらい角速度が増加するかを表し、θ(t)の2階微分$\ddot{\theta}$(t)で表されます。
　例えば、0[rad]の位置に停止していた物体が2rad/s^{2}の角加速度で加速を続けると、角度はどのように増加していくでしょうか。
　時刻t[s]の角速度ω[rad/s]は角加速度の積分で与えられるので、①式のようにω(t)=2tとなり、時刻に比例して増加していきます。角度θ(t)はもう一階積分をして、②式のようにθ(t)=t^{2}となります。
　さて、物体を加速させたときにはその逆方向に力が作用します。これはちょうど電車が急加速したとき進行方向とは逆向きに倒れそうになる現象として誰しも経験があるはずです。加速の逆方向に作用する力、それを「慣性力」と言います。
　加速に対抗して物体がその場所に留まり続けようとする「慣性」のために観測される力です。28ではさらに詳しくその力を説明します。

要点BOX
- ●角速度は1秒あたりの回転角度
- ●角加速度は角度の2階微分
- ●慣性力は加速の際に働く力

図 1　回転速度を表す rmp と rad/s

3000 rpm＝3000回転/60秒＝50回転/s
$=50\times2\pi$ [rad/s] $\simeq$ 300rad/s

角速度ω [rad/s]＝$\dot{\theta}(t)$　（$\theta(t)$は角度の時間関数）

図 2　角加速度・角速度・角度の関係

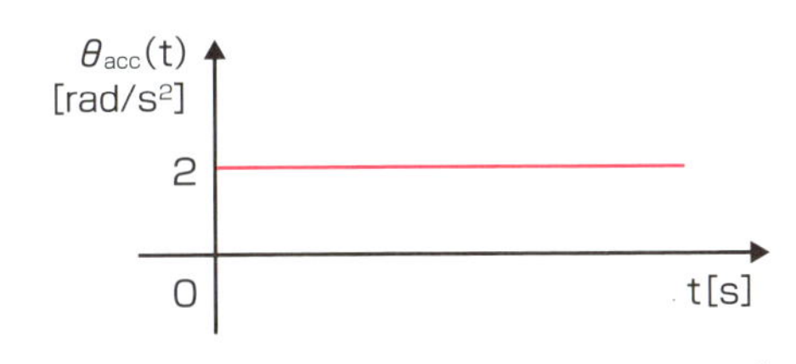

$$\theta_{acc}(t)=\ddot{\theta}(t)$$

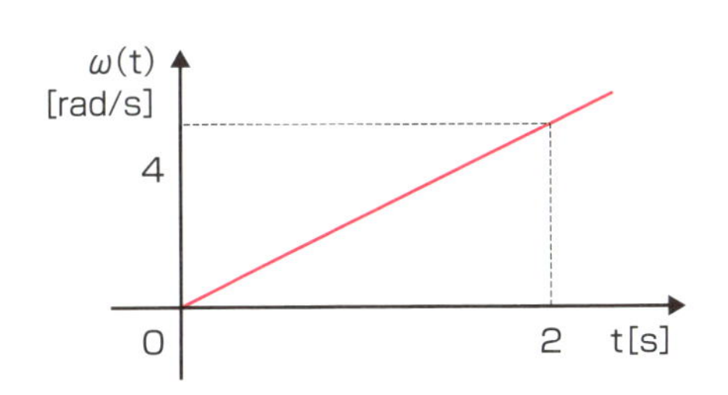

$$\omega(t)=\dot{\theta}(t)$$
$$=\int\theta_{acc}(t)dt$$
$$=2t \quad \cdots①$$

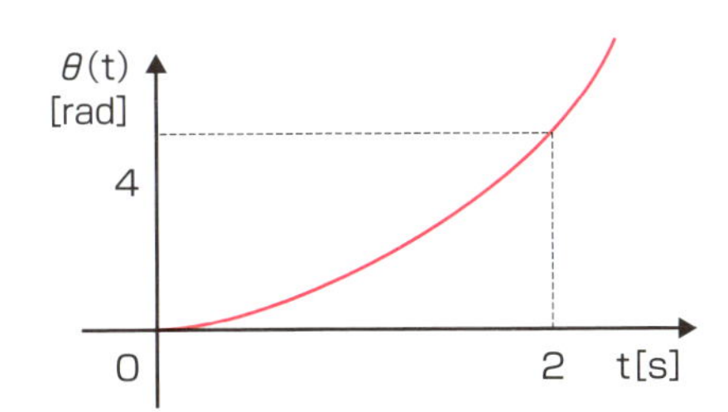

$$\theta(t)=\int\omega(t)dt$$
$$=t^2$$

24 回転のしにくさを表わす慣性モーメント

質点の慣性モーメント

慣性モーメントIとは、図1のように、ある剛体を細かく刻んで一つ一つの質点の質量をm_i[kg]とし、ある回転軸と質量m_iとの距離をr_i[m]としたときの$\Sigma m_i \times r_i^2$の値を言います。

質量×距離の2乗なので、Iの単位は[kg·m²]となります。不思議な単位ですが、物体がどの程度回転しやすいか(しにくいか)を表すパラメータです。

簡単な例を挙げましょう。図2のように、ある軸に長さr[m]のひもで連結された質点m[kg]を考えます。これは質点なので、この質点にひもと直角にF[N]の推力が与えられたとき、運動方程式は、

$$m\ddot{x}(t)=F \quad \cdots ①$$

で表現できます。つまり$\ddot{x}(t)=F/m$の加速度を生じます。

しかし、ひもで拘束されているため、この質点は半径r[m]で軸のまわりの周回運動を行います。推力Fは、回転軸にとっては、トルクと見なせます。

$$\tau=r\times F\,[\mathrm{N\cdot m}] \quad \cdots ②$$

また、回転角度θ[rad]と周回運動の距離x[m]との関係は、

$$x(t)=r\theta(t) \quad \cdots ③$$

となります。③を2階微分して①に代入し、さらに②を変形して式の形を整えると、

$$mr^2\ddot{\theta}(t)=\tau \quad \cdots ④$$

を得ます。すなわち、回転角度の増加のしやすさ、すなわち角加速度は、mr^2という値によって影響を受けます。これが質点に対する慣性モーメントです。

回転系では慣性モーメントとトルクτによって角加速度の大きさが決定されます。すなわち回転系の運動方程式は、

$$I\ddot{\theta}(t)=\tau \quad \cdots ⑤$$

となり、質点の場合は、

$$I=mr^2$$

になります。

要点BOX

- ●慣性モーメントによって加速のしやすさが変化
- ●質点の慣性モーメントは、質量[kg]×距離[m]の2乗

図１　慣性モーメントの定義

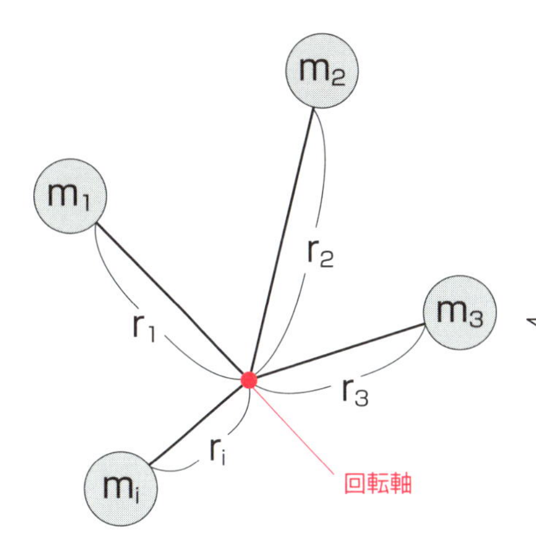

慣性モーメント$I=\Sigma m_i r_i^2$ [kg·m²]

慣性モーメントは、回転軸からの距離に依存するので、同じ物体でも回転軸が変化すると異なる値になる。物体によって一つに決まるものではない

図２　質点の慣性モーメントの導出

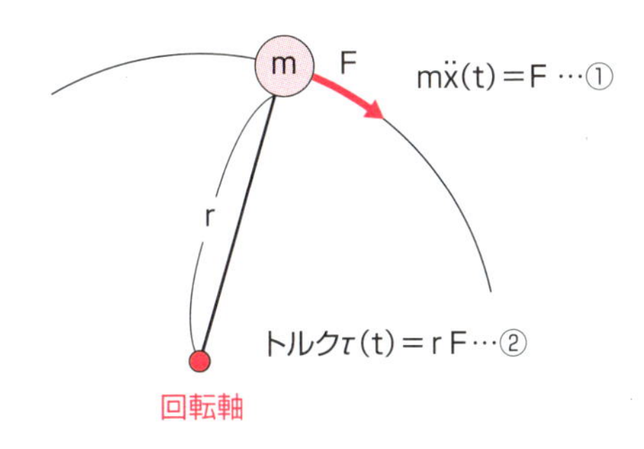

直線形の運動方程式を立て円弧の長さと直線との関係式から慣性モーメントを求める

$x(t)=r\theta(t)$　…③

したがって、$m\ddot{x}(t)=r\theta(t)$

これらより$mr^2\ddot{\theta}(t)=\tau(t)$　…④

回転計の運動方程式は、$I\ddot{\theta}(t)=\tau$

25 様々な形状に対する慣性モーメント

棒と円板の慣性モーメント

質点以外の形状の慣性モーメントは、どのように算出すればよいのでしょうか。ここでは、棒と円板の場合を考えてみます。

図1において、棒の左端に回転軸があるものとし、棒はρ [kg/m]の線密度、すなわち1mあたりρ [kg]の質量があるとします。回転軸から距離rの部分の幅Δrの微小部分を取り出して考えると、その部分の質量は、$\rho \Delta r$[kg]となり、この部分の慣性モーメントは$\rho \Delta r r^2$ [$kg \cdot m^2$]となります。

Δrの部分は$r=0$から$r=L$まで、各所で無数個考えられ、それらをすべて足し合わせたものが棒全体の慣性モーメントになります。微小距離を全て足し合わせるとは、すなわち積分なので棒の慣性モーメントIは、図1の①式で表すことができます。

ここで、棒の全質量をM[kg]と考えると$\rho L=M$のはずで、これを①の右式に代入すると、

$$I=1/3ML^2 \quad \cdots②$$

となります。これが棒の端を回転中心としたときの慣性モーメントです。

円板の場合は玉ねぎのような輪切り状態を考えます。この円板がρ [kg/m^2]の面密度、すなわち1㎡あたりρ [kg]の質量があるとします。回転軸から距離rの部分の幅Δrの極薄の輪を取り出して考えると、輪の周囲長は$2\pi r$で幅がΔrなので、面積は$2\pi r \Delta r$となり、この部分の質量は$2\rho \pi r \Delta r$となります。これを先ほどと同様に積分すると③式のようになります。

$$1/2\pi \rho L^4 \quad \cdots③$$

ここで円板全体の重さをM[kg]とすると、円板の面積$\pi L^2 \times \rho = M$のはずなので、これを③に代入して円板の慣性モーメントIは、

$$I=1/2ML^2 \quad \cdots④$$

を求めることができます。

要点BOX
- ●質点ではなく、実在する棒や円板の慣性モーメント
- ●微小部分の慣性モーメントを積分して導出

図1　棒の慣性モーメント

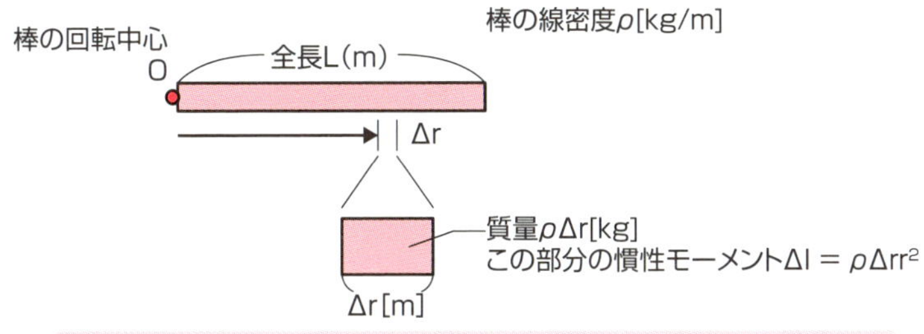

ΔIを0〜L[m]まで積分

$$I=\int_0^L \rho r^2 dr=\frac{1}{3}\rho L^3 \quad \cdots①$$

ただし、全質量M[kg] = ρLなので、$I=\frac{1}{3}ML^2$　…②

図2　円板の慣性モーメント

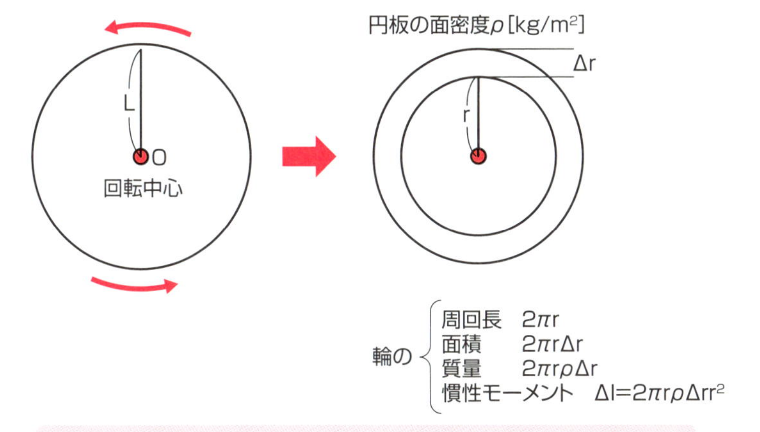

Δrを0〜L[m]まで積分 $I=\int_0^L 2\pi r^3 \rho dr=\frac{1}{2}\pi\rho L^4$　…③

ただし、全質量M[kg] = $\pi L^2 \rho$なので、$I=\frac{1}{2}ML^2$　…④

26 力の伝達手段としての歯車（ギア）

歯車の運動方程式

機械の内部には、動力の伝達に多くの歯車（ギア）が使われています。

ギアを使う最大の理由は、回転力を生み出す動力源は、回転数は早いが、回転する力（トルク）は小さいものが多いためです。

例えばDC／ACモータは、毎分数千回転ぐらいが最もエネルギー効率が良いのですが、電気自動車の動力として使うには速過ぎます。そこでギアを用いて回転数を落とし、代わりにトルクを上げて駆動力を確保するのです。

このとき、対となるギアの歯数の比をギア比Gと呼びます。歯の大きさは同じなので、歯数の比は半径の比と同等です。つまり半径の異なるプーリを使用したときと同様です。ギアの入力軸と出力軸では、トルクはG倍になり、回転角度は1／Gになります。

では、回転の運動方程式はどのように変化するでしょうか。図2左のように、ある慣性モーメントを持つモータとギアAがあるとします。このとき、モータの発するトルクτとギアAの回転角度の方程式は、次式で表されます。

$I\ddot{\theta}(t)=\tau$ …①

次に、図2右のようにギアAにギア比GとなるギアBが接続されたとします。ギアBの慣性モーメントは0とします。ギアB側の軸の角度をθ'、トルクをτ'としたとき、ギアB側ではモータのトルクはG倍されて、$\tau'=G\tau$となります。また、角度は$\theta'=1/G\theta(t)$となります。これらの関係を①に代入すると、

$G^2 I\ddot{\theta}(t)=\tau'=G\tau$ …②

を得ます。

以上をまとめると、出力軸では、「入力軸のトルクをG倍に強く感じる」「入力軸の慣性モーメントをギア比の2乗倍に重く感じる」ことになります。

また、反対に入力軸では「出力軸の慣性モーメントをギア比の2乗分の1に感じる」ことになります。

要点BOX

- ギア比Gは歯数の比
- 出力軸ではトルクG倍、慣性モーメントG^2倍
- 入力軸では慣性モーメント$1/G^2$倍

図1　ギアの概略図

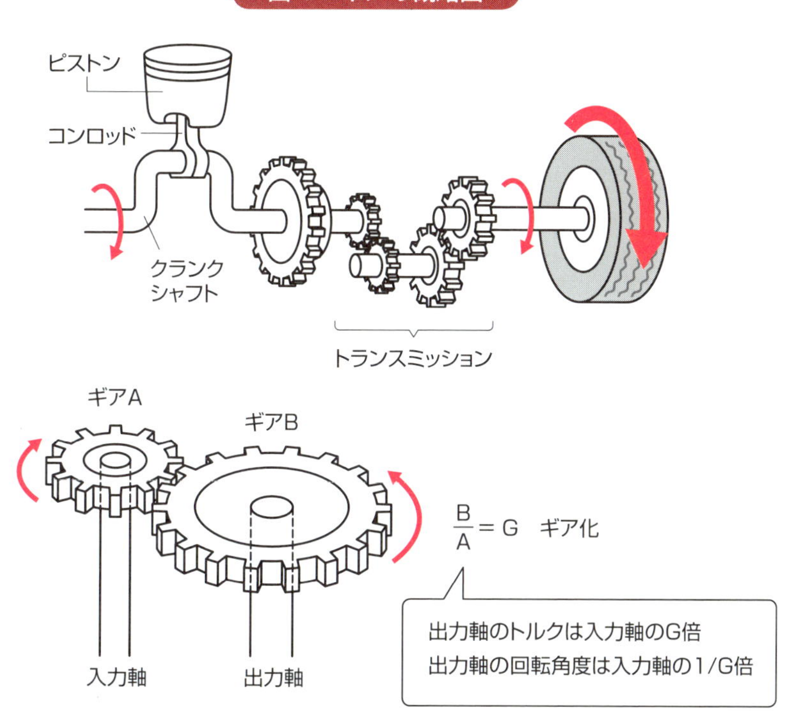

図2　ギアの運動方程式

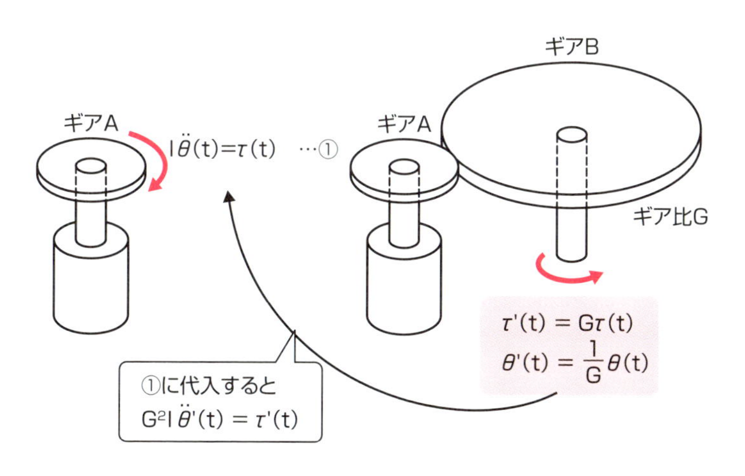

27 回転力を均等に分配するギア

ディファレンシャルギアの仕組み

歯車（ギア）には様々な種類があります。よく知られた平歯車のほかに、出力軸の方向を入力軸の方向と変える傘歯車、対のうち片側が円形もう片方が直線状のピニオン・ラックなどがあります。さらにハイブリッド車のエンジンとモータのトルクの混合には遊星ギアが使われます。

こうした中、ディファレンシャルギア（差動歯車）は、例えばエンジンの回転を左右両輪に分配する際に使います。特徴は、二つの出力軸が異なった回転数であっても、トルクを均等に分配できることです。例えば、自動車が曲がるときには内側の車輪は遅く、外側の車輪は早く回転します。このような場合でも、エンジンからのトルクを的確にタイヤに伝えることができます（図1）。

ディファレンシャルギアの構造を図2に示します。エンジンからの回転がプロペラシャフトから伝わり、二つのアクスルシャフト（以下、アクスル）でタイヤを回転させます。

ここで❶プロペラシャフトの回転は、❷傘歯車によってリングギアに伝わると同時に、リングギアに固定されたデフケースを回転させます。❸デフケースに固定されたピニオンギアがピニオンシャフト周りに回転しないとき、❹デフピニオンの歯は両サイドギアを均等に回して、それによってアスクルシャフトも左右同一回転してタイヤを回します。

もし、左タイヤの回転数が遅く、右タイヤの回転数が早いときは、図3のように①デフピニオンが回転することで、②左アスクルにとってはピニオンの回転がデフケースによる回転を抑え込み、③右アスクルにとってはピニオンの回転がデフケースにより回転をより促進してタイヤに回転差をつけます。

こうした機構の発明によって、回転運動はより緻密に制御可能になりました。本当によく考えられた機構です。

要点BOX
- ●ディファレンシャルギアはトルクを均等に伝達
- ●回転速度の違いを吸収し、回転機械を安定させる

図１　ディファレンシャルギアの役割

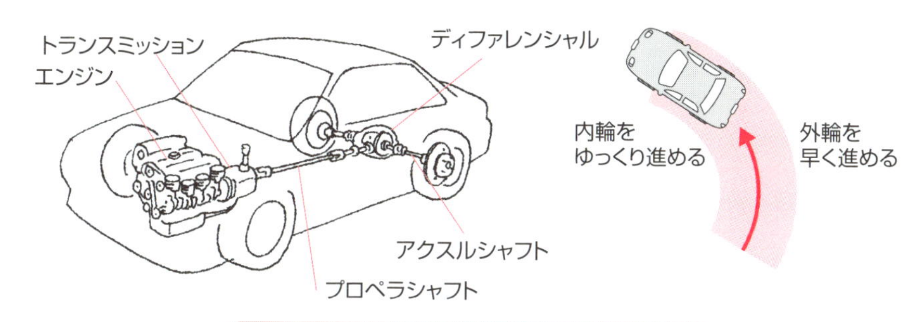

図２　ディファレンシャルギアの動作

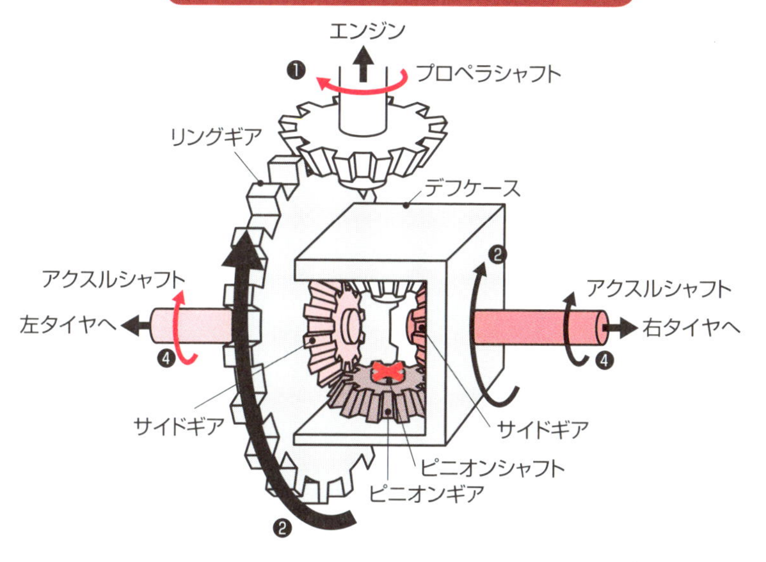

図３ 左右に回転差がある場合

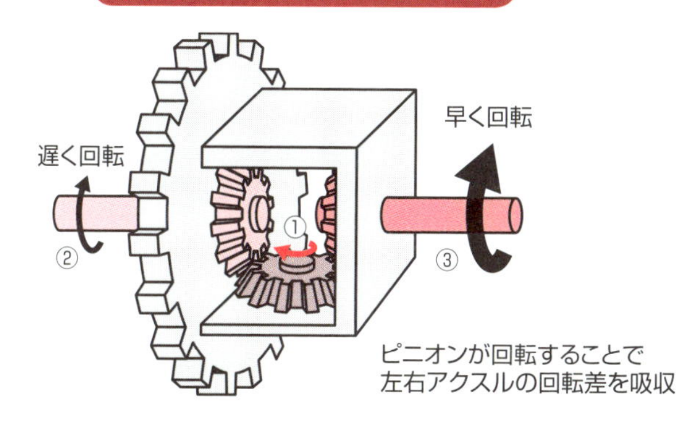

28 物体が回転するために必要な向心力

回転をもたらす向心力と回転によって生じる遠心力

物体を軸から離さずに回転させているときには「向心力」が作用しています。向心力によって物体は軸から離れないのです。向心力がなければ、円盤投げの円盤よろしく、物体はまっすぐ飛び去ってしまいます。

遠心力と向心力の関係は「向心力によって物体を回転させることができ、回転した物体には遠心力が発生する」と理解しておくとよいでしょう。遠心力は23で述べた慣性力の一種です。

向心力は、図1に示した紐が物体を引く張力そのもので、その大きさは、

$T=mr\dot{\theta}^2$ [N]　…①

で表すことができます。その理由を図2で示しましょう。

図2左において、物体が角速度$\dot{\theta}$[rad/s]で定速回転をしているとします。ある瞬間Pから微小時間Δt秒後にはQに移動しますが、その回転角度は$\dot{\theta}\times\Delta t$[rad]です。

Pの瞬間、物体は円周方向に$r\times\dot{\theta}$[m/s]の速度で進んでおり、Qの瞬間も$r\times\dot{\theta}$[m/s]で進んでいます。瞬間々々の速度は直線的で、単位は[m/s]です。本項冒頭で「まっすぐ飛び去って行く」としたのは、この直線的な速度のことです。

この変化を一つの図にまとめると、図2右のようになります。速度の方向は変化していますが、この角度変化は前述の$\dot{\theta}\times\Delta t$[rad]です。

三角形ABCにおいて、二辺の長さが$r\times\dot{\theta}$の二等辺三角形の底辺の長さBCが速度の変化分なので、BCは②式で表されます。

この速度変化がΔt間に起こるので、時間で割って、加速度は$r\times\dot{\theta}^2$となります。張力Tはこの加速度を質量m[kg]の物体に生じさせることになるので、①が張力、すなわち向心力となります。

要点BOX
- ●向心力と遠心力の関係
- ●向心力は回転の中心向きに$mr\theta^2$ [N]

図１　向心力が働くから物体は回転する

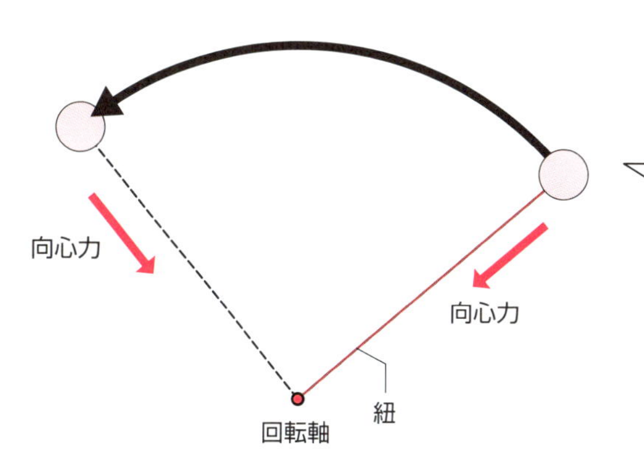

物体を図のように回転軸まわりに周回させているとき、紐は遠心力で物体を回転中心に引きつけている

図２　回転する物体に生じる向心力

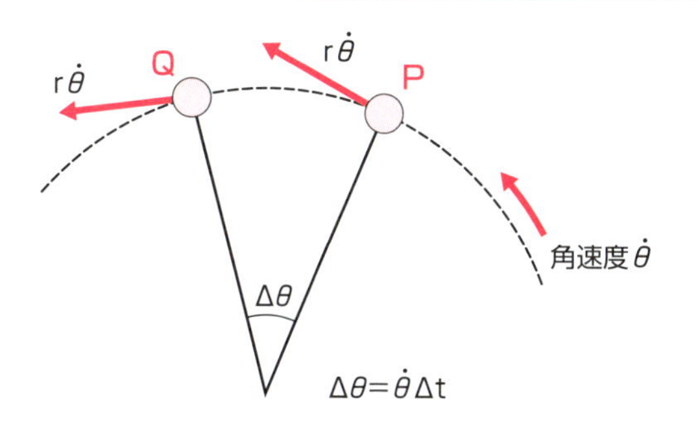

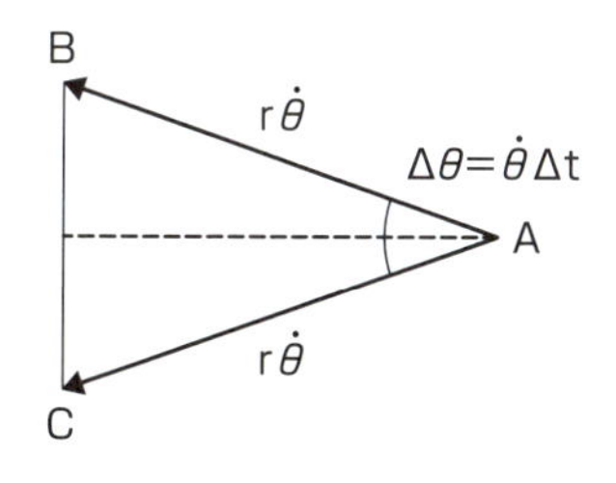

速度変化BC$= 2r\dot{\theta}\sin\dfrac{\Delta\theta}{2}$

$= 2r\dot{\theta}\dfrac{\Delta\theta}{2}$　（なぜなら、$\sin\dfrac{\Delta\theta}{2} \simeq \dfrac{\Delta\theta}{2}$）

$= r\dot{\theta}^2\Delta t$　…②

加速度 $= r\dot{\theta}^2$

張力　$= mr\dot{\theta}^2$　…①

29 機械に作用する遠心力の強さを知る

安全な機械を作るために遠心力を見積る

28で説明したように、回転している物体には遠心力が作用します。また、回転速度が増加をしているとき、すなわち角加速度が生じているときは、加速による慣性力も作用します。

機械には運動中も破壊されない強度が要求されますが、剛体の部分々々にはどのような力が作用しているのでしょうか。遠心力を例にして考えます。

図1のように、一定の角速度$\dot{\theta}$[rad/s]で回転している1リンク機構を考えます。仮に剛体がρ[kg/m]の線密度(1mあたり1kg)だとすると、微小区間Δr[m]に働く部分の質量は$\rho \Delta r$[kg]なので、中心からr[m]だけ離れた部分の遠心力ΔTは、

$$\Delta T \rho \Delta r \times r \times \dot{\theta}^2 \ [\mathrm{N}] \quad \cdots ①$$

となります。部材のx[m]の点Pは、その外側の微小部分一つ々々に作用した遠心力の総和の力で引っ張られることになります(図2)。したがって、P点にかかる遠心力は積分を用いて②で表されます。

ここで、剛体の質量は、$M=\rho L$[kg]なので、②に代入すると③式となります。これをグラフにすると、図3のようになり、回転中心$x=0$では最大の、

$$M(1/2L)\ \dot{\theta}^2 \quad \cdots ④$$

の引張り力が作用することが分かります。ここで1/2Lとは、重心が存在している場所なので、剛体に加わる引張荷重は回転中心で最大となります。その値は「剛体の重心位置に全質量が集中して回転している」と考えたときの遠心力と同じ値になることが分かります。

こうした運動中の剛体に加わる荷重は、CAEソフトを使えば簡単に計算してくれます。しかし、その代わりに技術者にはその結果が正しいか、評価できるスキルが要求されます。さもなければ、小学生が電卓で意味も理解せずにルート計算をしているのと何ら変わらないからです。

- ●遠心力は回転中心で最大となる
- ●重心に質量が集中していると考えよう

図1　微小部分の遠心力

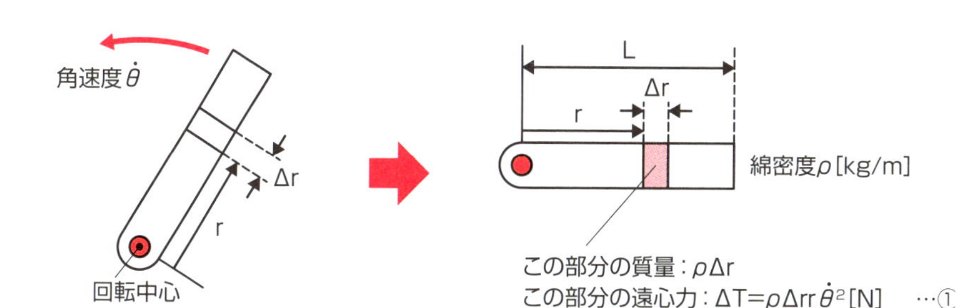

図2　ある位置より先の遠心力

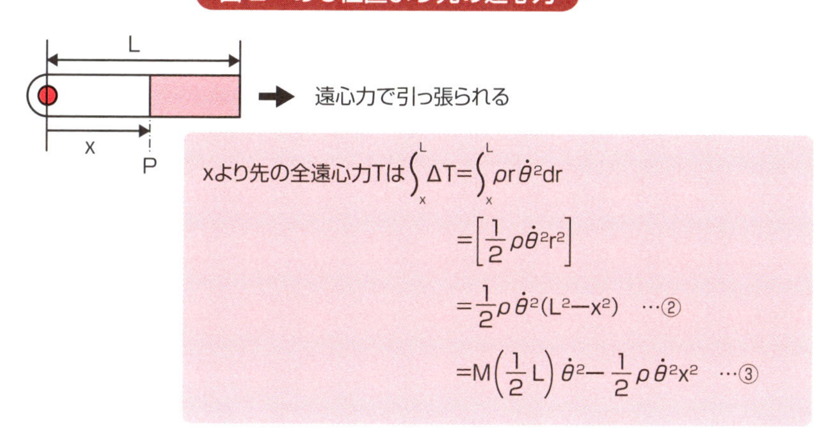

xより先の全遠心力Tは$\int_x^L \Delta T = \int_x^L \rho r \dot{\theta}^2 dr$

$$= \left[\frac{1}{2}\rho\dot{\theta}^2 r^2\right]$$

$$= \frac{1}{2}\rho\dot{\theta}^2(L^2 - x^2) \quad \cdots②$$

$$= M\left(\frac{1}{2}L\right)\dot{\theta}^2 - \frac{1}{2}\rho\dot{\theta}^2 x^2 \quad \cdots③$$

図3　引張荷重の分布

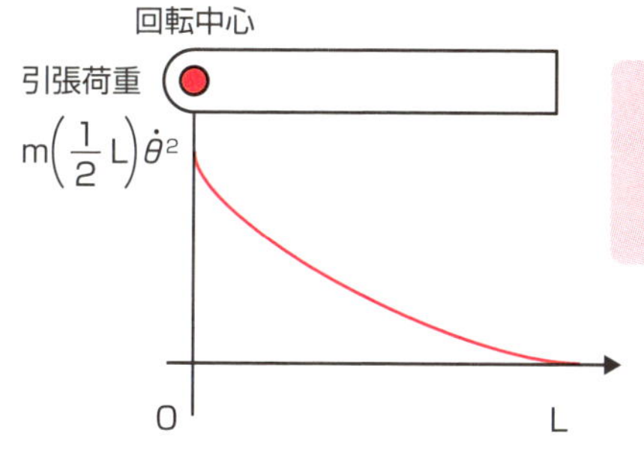

③より、x = 0のときは、$T = m\left(\frac{1}{2}L\right)\dot{\theta}^2$ …④

x = Lのときは、T=0

30 回転軸にはたらくトルクと外積

ベクトル外積

機械は、幅、奥行き、高さのある物体です。当然、機械の動作は3次元空間内で実現されます。例えば、回転軸に注目すれば、力の方向は同じでも回転軸の取り方によってトルクの値も回転の方向も異なってきます(図1では力の方向は同一)。

外積とは、数学におけるベクトル同士の演算の決まりの一つです。一般に「×」という記号で表されますが、単純なかけ算ではありません。3次元空間のベクトルA(a_x、a_y、a_z)とベクトルB(b_x、b_y、b_z)で、

$C=A\times B$ …①

で表現されるという公式があります。しかし、この公式より大切なのが次の②式です。AとBの外積CはAともBとも直角であり、その大きさは、

$|C|=|A||B|\sin\theta$ … ②(Cの大きさはAの大きさ×Bの大きさ×AとBのなす角θの正弦)

で表されます(図2)。AからBに向かってねじを回し、ねじの進む方向がCの方向であると覚えます。

この演算をトルクに適用すると、定めた回転軸の中心から力の作用点までの位置ベクトルをr、力の作用点からの力のベクトルをFとしたとき、トルクTの大きさはまさに外積の大きさ$|T|=|r||F|\sin\theta$で表現できます。さらに都合のよいことに、Tの方向は回転軸の方向に一致します。すなわち、

$T=r\times F$ …③

という外積の表現を用いてトルクの大きさも回転軸の方向も表すことができるのです。

図3のx、y、z座標系において、回転中心を原点とし、作用点の座標をr=(2, −2, 0)、そこに力がF=(0, 1, 0)の方向で働いているとします。このとき、回転軸はzの方向です。

③式で計算するとT=(0, 0, 2)となり、確かにz軸の要素しか持たず、|T|=1となります。②式で計算すると、$|T|=2\sqrt{2}\times1\times1/\sqrt{2}=2$なので、当然トルクの大きさは①と②で一致します。

要点BOX

- ●外積はねじを回して方向決定
- ●位置ベクトルと力ベクトルの外積がトルク

図１　力の方向が同じでも回転軸は異なる

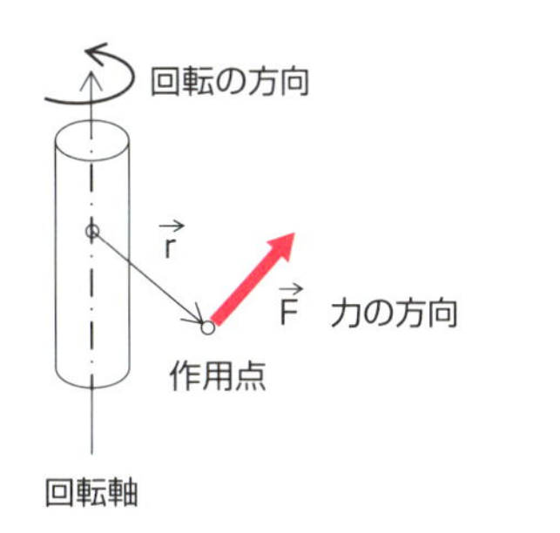

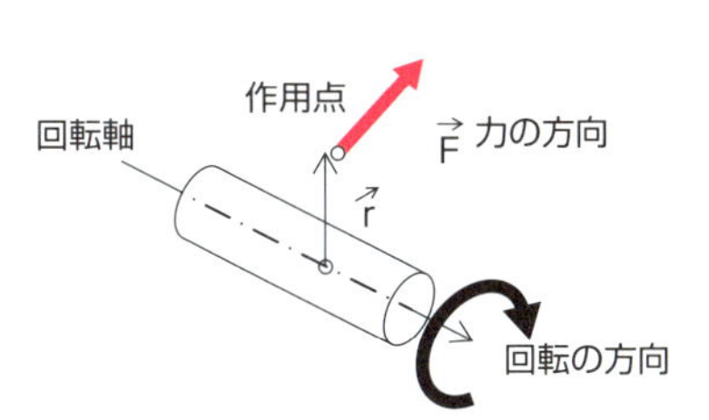

図２　外積の公式とベクトルの向き

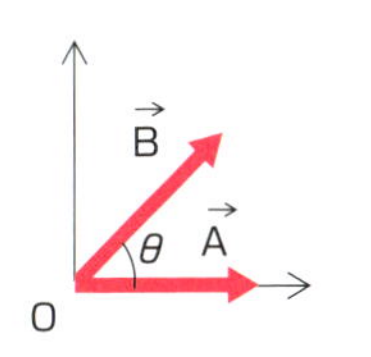

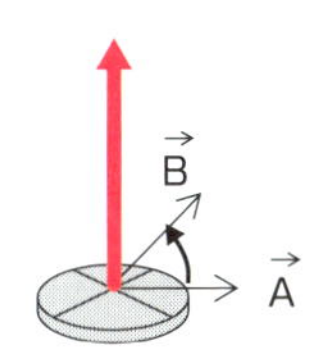

$$\vec{C}=\vec{A}\times\vec{B}=\begin{pmatrix}a_x\\a_y\\a_z\end{pmatrix}\times\begin{pmatrix}b_x\\b_y\\b_c\end{pmatrix}=\begin{pmatrix}a_yb_z-a_zb_y\\a_zb_x-a_xb_z\\a_xb_y-a_yb_x\end{pmatrix}\cdots①$$

図３　外積を用いたトルクの試算

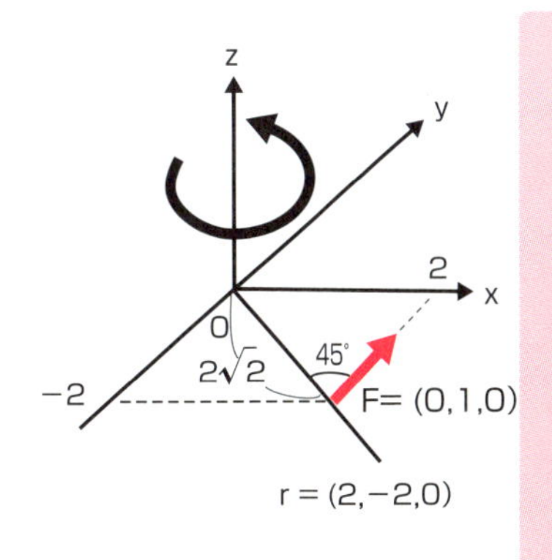

①の方法　$r\times F=\begin{pmatrix}-2\\-2\\0\end{pmatrix}\times\begin{pmatrix}0\\1\\0\end{pmatrix}$

$$=\begin{pmatrix}-2\times0-0\times1\\0\times0-2\times0\\2\times1-(-2)\ \times0\end{pmatrix}$$

$$=\begin{pmatrix}0\\0\\2\end{pmatrix}$$

②の方法　$2\sqrt{2}\times1\times\sin45^\circ=2$

31 回転半径と慣性モーメントの関係

角運動量保存の法則

直線運動に「運動量保存の法則」というものがあるように、回転運動にも「角運動量保存の法則」があります。

角運動量Lとは、ある回転軸まわりの慣性モーメントI [kg·m^2]×角速度ω [rad/s]で、Lの単位は[kg·m^2/s]になります（図1）。

角運動量保存の法則とは「トルクが作用しない限り角運動量は不変で保存される」というものです。

身近には、フィギュアスケートで選手のスピンがどんどん早くなる現象があります。スピン初期は腕を大きく伸ばしてゆっくりとした回転ですが、腕を折り畳むにつれ回転が高速になっていきます。これを力学的に説明していきましょう。

簡単のため、人を円柱に置き換えて解説します。円柱の慣性モーメントは25より1/2mr^2 [kg·m^2]で、演技中に人の質量（体重）は不変ですが、腕の長さ（=円柱の半径）は変わります。仮に体重50 kgの人が腕を伸ばして半径1 mの円柱を構成していたとすると、慣性モーメントは52kg·m^{2}です。

この状態で最初の角速度がω_0[rad/s]であれば、角運動量は25ω_0[kg·m^2/s]です。この後、途中で腕を閉じて半径0.25mの円柱になったとすると、慣性モーメントは1.56kg·m^{2}に変化します。半径が4分の1になると慣性モーメントは16分の1になるのです（図2）。このときの角速度をω[rad/s]とすると、運動量保存の法則より25ω_0=1.56ω となり、ω =16ω_0を得ます。腕を閉じることによって、角速度は16倍にもなるのです。

こうした現象はロボットでも見られます。先の例とは逆に腕を伸ばそうとすると慣性モーメントが大きくなるので、自然に元の回転スピードより遅くなってしまいます（図3）。そこで根元のモータには、スピードを落とさないように追加のトルクを供給する必要があります。

要点BOX
- ●角運動量＝慣性モーメント×角速度
- ●慣性モーメントも大きさに応じモータトルクを制御する

図 1　角運動量の定義

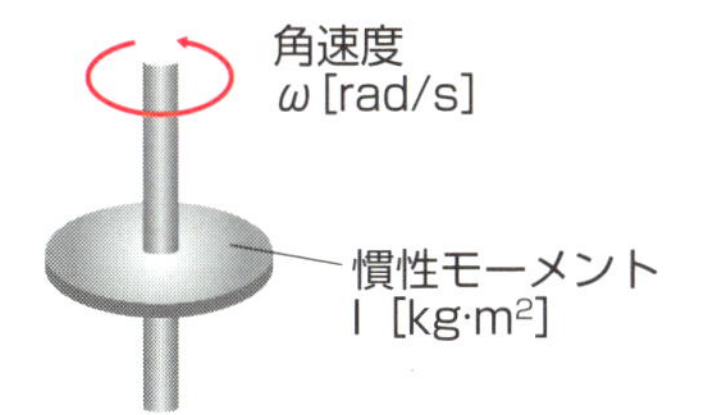

角運動量　$I \times \omega$ [kg·m²/s]

図 2　角運動量の計算例

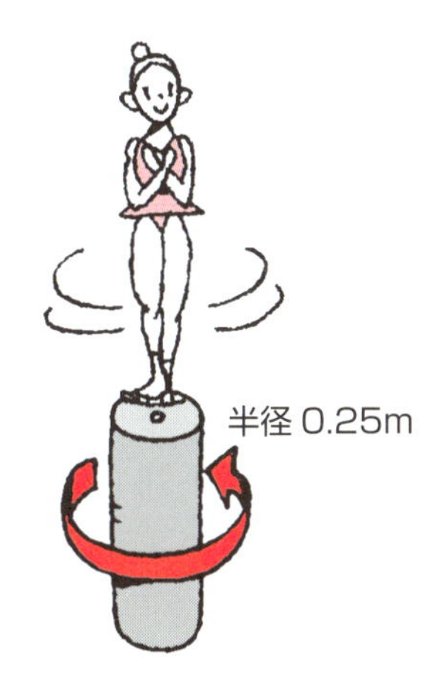

慣性モーメント	25kg·m²	→	1.56kg·m²	よって $\omega = 16\omega_0$
角速度	ω_0	→	ω	
角運動量	$25\omega_0$	=	1.56ω	

図 3　ロボット制御の注意点

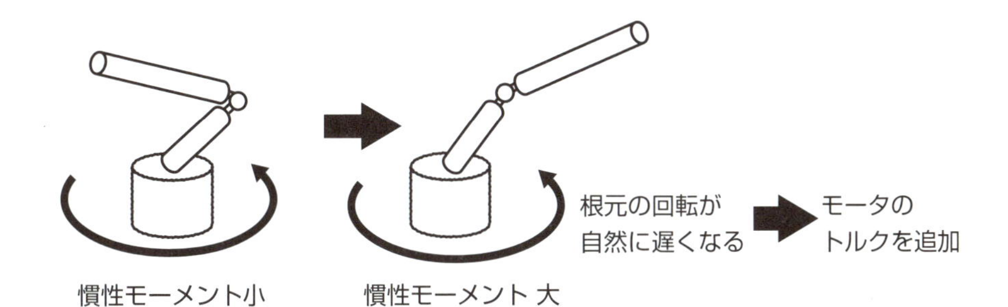

Column

協働ロボットに必要な安全の仕組み

従来、産業用ロボットは、本体を柵の中に閉じ込め、人間と隔離して安全を担保してきました。産業用ロボットの多くは、硬い重量物が大きな力で高速で運動しているため、人体に接触すると深刻なダメージを与えかねないからです。

ところが最近、接触を事前に検知し、力をセーブする機能が実用化されています。例えば、最大印加力10[N]と指令すると、ロボットが10[N]以上の力を検知したとき、自動で非常停止をかけます。これにより、仮に人間がロボットに挟まれても致命的な加圧は受けなくなりました。

もう一つ、「硬さ」も重要です。接触の際、ロボットが柔らかければ人間の力に負けてロボットが逃げてくれます。外殻の柔らかさ(硬さ)もさることながら、構造的な柔らかさも重要です。この柔らかさを「バックドライバビリティ」と呼びます。「後ろへの運動のしやすさ」と理解すればよいでしょう。

バックドライバビリティがよくない機構の一つが、47のウォームギアです。出力軸側から入力軸を動かすことができません。ウォームギアに関わらず、ギア比の高いギアはバックドライバビリティがよくないので、ソフトで補償することも行われています。人間の力を検知し、押された方向に自らを動かす仕組みです。

こうした仕組みは、「ISO 13849」「ISO/TS 15066」といった規格で規定されています。これらの規格に基づいたものだけが、協働ロボットとして柵がない状態で人間と混在した作業を認められています。

出典:経済産業省発行「経済産業ジャーナル」2014年10・11月号

第 章

回転と並進を伴う機械要素の力学

32 直線・回転が混じった運動モデル1

重心の位置と動きに着目

実際に剛体の運動方程式を組み立てましょう。直線運動と回転運動が入り混じっていますので、手順は3つのステップに分けられます（図1）。

（1）直線運動の運動方程式を作る（重心の位置に質量が集中していると考えて運動方程式を立てます）

$m\ddot{x}(t)=f$ …①

ここでmは質量［kg］、xは位置［m］、fは力［N］。これを解けば、重心がどのように動くかが求まります。

（2）回転運動の運動方程式を作る（重心まわりの慣性モーメントを使って運動方程式を立てます）

$I\ddot{\theta}(t)=\tau$ …②

ここでIは慣性モーメント［$kg \cdot m^2$］、θは回転角度［rad］、τ［Nm］はトルク。これを解けば、重心周りにどのように回転するかが求まります。

（3）直線・回転を組み合せて剛体の挙動を知る

では、ボート（船外機1機を搭載した全方向移動ボート）を例に運動方程式を立てます（図2）。まず、（1）の直線系の運動方程式を作ります。

M［kg］の質量を持ったボートを船外機が角度ϕ［rad］、推進力f［N］で押しています。船体は棒形状として、重心は船体中央にあるものとし、水の抵抗力は無視します。次の手順になります。

（a）x軸方向の運動方程式を作ります。船外機の推進力のx軸成分は$\sin(\phi-\theta(t))$なので、③を得ます。船体がy軸を基準に$\theta(t)$だけ回転しているので、ϕから$\theta(t)$を引いたものが実際のx方向成分になるためです。

（b）同様にy軸方向の運動方程式を作ります。船外機の推進力のy軸成分は$\cos(\phi-\theta(t))$なので④を得ます。

要点BOX
- ●重心は力の方向に移動する
- ●重心の運動と回転の運動を組み合わせると剛体全体の運動がわかる

図1　単純化した剛体の運動方程式

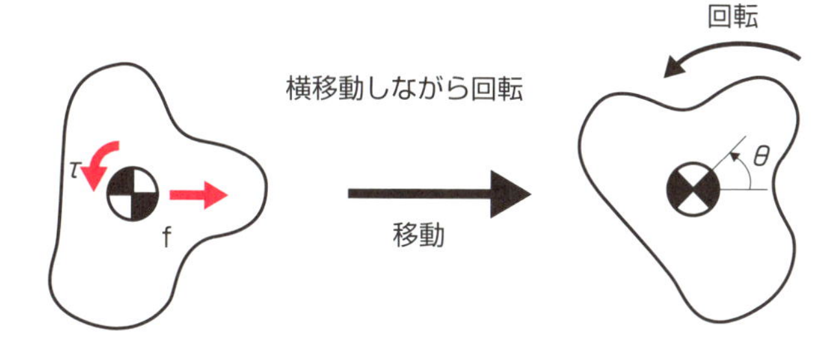

$$\begin{cases} m\ddot{x}(t) = f & \cdots ① \\ I\ddot{\theta}(t) = \tau & \cdots ② \end{cases}$$

x：重心の位置［m］
θ：重心の回転角度［rad］
f：推力［N］
τ：トルク［Nm］
m：剛体の質量［kg］
I：重心まわりの慣性モーメント［kg·m²］
t：時間［s］

図2　直線系の運動方程式

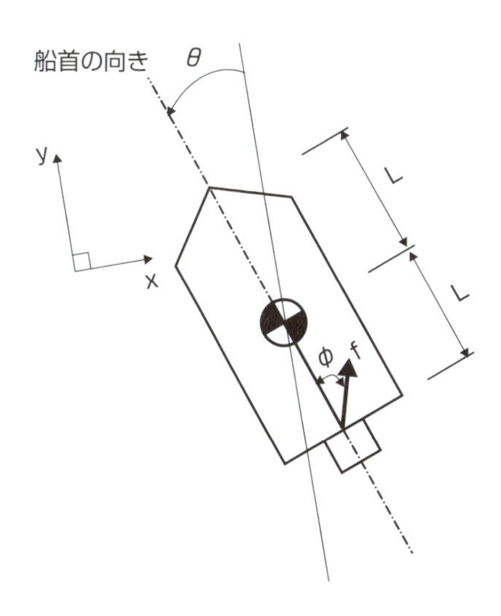

θ：y 軸からの船体の回転角度［rad］
m：質量［kg］
I：慣性モーメント［kg·m²］
f：推進力［N］
L：重心から船外機までの距離［m］
ϕ：推力の方向［rad］

$$m\ddot{x}(t) = f\sin(\phi - \theta(t)) \quad \cdots ③$$
$$m\ddot{y}(t) = f\cos(\phi - \theta(t)) \quad \cdots ④$$

33 直線・回転が混じった運動モデル2

様々な剛体の運動方程式（その1）

32では、ボート（船外機1機を搭載）を例に(1)の直線形の運動方程式を求めました。引き続き本項では、(2)の回転系の運動方程式から組み立ててみます。

棒の慣性モーメントは25より　I＝1/3ML²ですが、ここでは、質量M/2［kg］の棒が回転中心（重心位置）で2本つながっていると考えられるので、船体の慣性モーメントは1/3ML²と表すことができます（図1）。

また、fによる生じる重心まわりのトルクは図2より、

τ＝fLsinφ

で表されます。したがって回転系の運動方程式として⑤を得ます。

さて、以上、x軸方向③（32）、y軸方向④（32）、そして本項で回転方向⑤のボートの挙動を表す3つの運動方程式が出揃いました。そこでこれらを組み合わせて剛体の挙動を調べます（32③）。具体的な数字を当てはめて解いていきましょう。

図3のパラメータをそれぞれの式に当てはめると、⑥、⑦、⑧を得ます。

これらをコンピュータで数値積分すると、角度や位置の時間的な変化の値が求められます。

このときの位置や回転角度を時間ごとにプロットすると、図3のグラフを得ます。推進力の方向に重心が移動しながらもボートは回転していきます。これが全方向移動ボートの挙動となります。

全ての挙動を考えると、直線運動も回転運動もそれぞれ3つの式を組み立てます。すなわち、直線運動はx軸方向、y軸方向、z軸方向の運動、回転運動はx軸まわり、y軸まわり、z軸まわりの回転です。これを6自由度と言います（図4）。

しかし、飛行機や宇宙船を除いて、一つの剛体に対して6自由度全てを考えるケースは多くありません。機械の多くは、どこかに固定されているからです。

要点BOX

- 全ての運動は6つの運動方程式で表せる
- 積分はコンピュータを用いることが一般的

図1　慣性モーメントの考え方

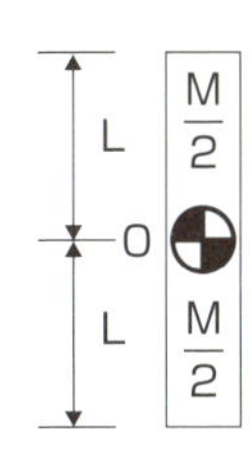

船体の前半分のO点まわりの慣性モーメントは $\frac{1}{3}\left(\frac{M}{2}\right)L^2$

$+$

船体の後半分のO点まわりの慣性モーメントは $\frac{1}{3}\left(\frac{M}{2}\right)L^2$

$=$

船体の慣性モーメントは $\frac{1}{3}ML^2$

図2　回転系の運動方程式

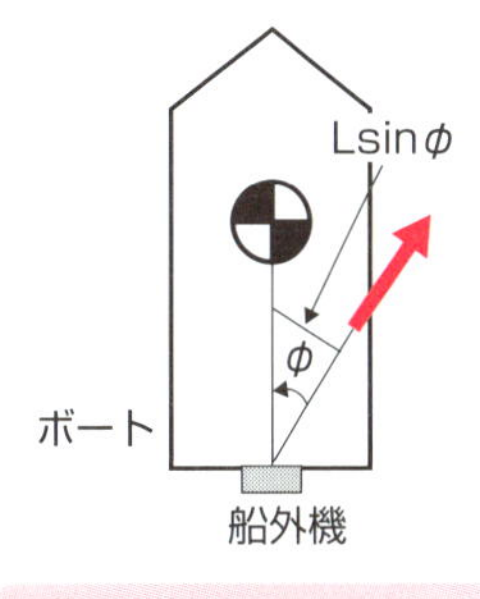

$I\ddot{\theta}(t)=\tau$ より

$\frac{1}{3}ML^2\ddot{\theta}(t)=fL\sin\phi$ …⑤

図3　ボートの挙動

(m=1000kg、L=3m、f=100N、φ=π/4rad)

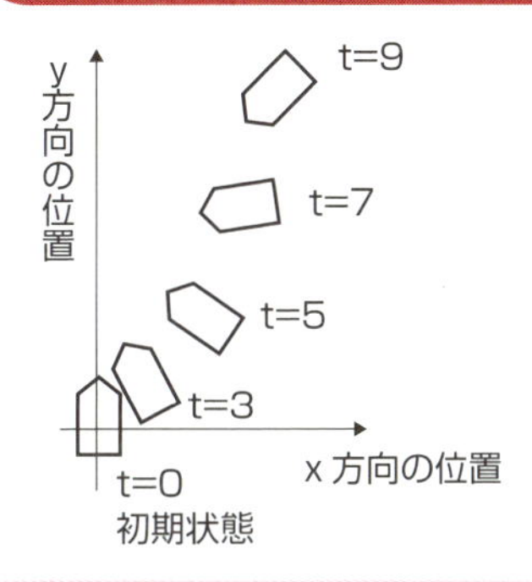

$1000\ddot{x}(t)=100\sin(\phi-\theta(t))$ …⑥

$1000y(t)=100\cos(\phi-\theta(t))$ …⑦

$3000\theta(t)=300$ …⑧

図4　6自由度を考慮した場合の座標系

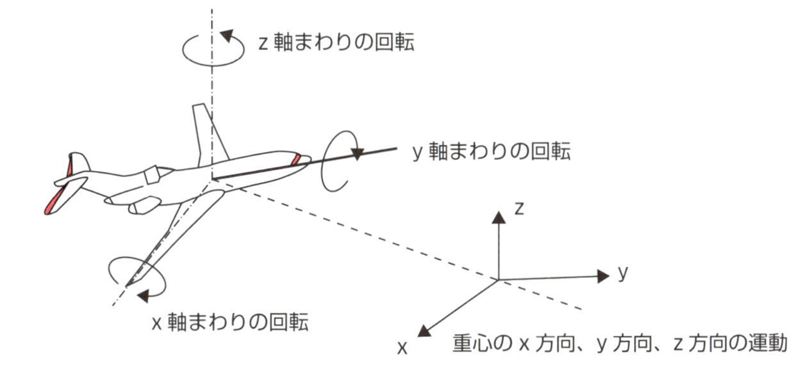

34 ベルト・プーリ機構の運動モデル

様々な剛体の運動方程式（その2）

直進運動と回転運動が組み合わさっている機構では、32 33で示したように、それぞれの要素に分けて運動方程式を立てるのが基本です。しかし回転運動と直線運動が直接結びついている場合は、回転運動の方程式だけを考えればよい場合もあります。図1のベルト・プーリ機構を考えましょう。

半径r[m]のプーリにベルトが掛けられており、ベルトで質量M[kg]の物体を搬送します。片側のプーリの軸にはモータが取り付けられており、一定トルクτ[N·m]でプーリを回転させるものとします。

このとき物体の運動（直線系）を回転系の運動方程式を通して求めていきましょう。プーリの慣性モーメントやベルトの質量は無視します。

この場合、プーリは常に物体の質量を感じながら回転するので、プーリの外側に質量M[kg]の物体が直接取り付けられている状態と考えられます（図2）。すなわち、質量M[kg]が半径r[m]で回転しているものと考えて、荷物の慣性モーメントとしてMr^2 [kg·m²]を得ます。この回転体がトルクτを受けているので、回転運動の方程式として、

$$mr^2\ddot{\theta}(t)=\tau \cdots ①$$

を得ます（$\theta(t)$はプーリの回転角度）。これを2階積分すると、回転角度の挙動の式②（図3）を得ます（tは時刻[s]）。

直線系の物体の移動を知りたいので、回転角度と移動距離の関係式 $x(t)=r\theta(t)$を②に代入して、最終的に、

$$x(t)=\tau/(Mr)\ t^2 \cdots ③$$

となります。つまり、物体は加速度τ/Mr[m/s²]で加速していくことが分かります。

実は、最初から直線系の運動を考えても同じ結果が得られます。プーリがベルトを引く直線系の力は$F=\tau/r$[N]です。これが質量Mを加速するので、加速度はτ/Mrとなります。

●直線系の物体の慣性モーメント
●いったん回転系の運動を求めて直線系に直す

図1　プーリによる物体の搬送

プーリ　x　M　θ　τ　r　r　モータ　ベルト

M：物体の質量［kg］
r：プーリの半径［m］
τ：モータトルク［N･m］
θ：プーリの回転角度［rad］
x：物体の移動距離［m］
$x(t)=r\theta(t)$

図2　物体の慣性モーメントの考え方

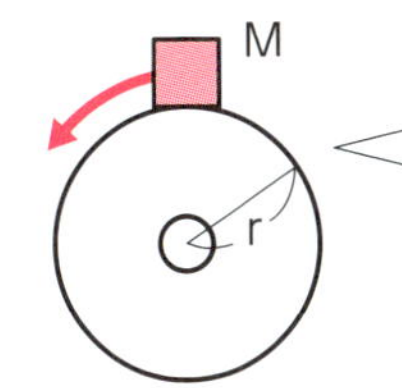

プーリは半径rの位置に常に質量Mを感じながら回転するので、慣性モーメントMr^2を持つ

図3　物体の運動

$$Mr^2\ddot{\theta}(t)=\tau \quad \cdots①$$

$$\theta(t)=\frac{1}{Mr^2}\tau t^2 \quad \cdots②$$

$$x(t)=\frac{1}{Mr}\tau t^2 \quad \cdots③$$

M＝1kg, r＝0.1m, τ＝0.1N･m

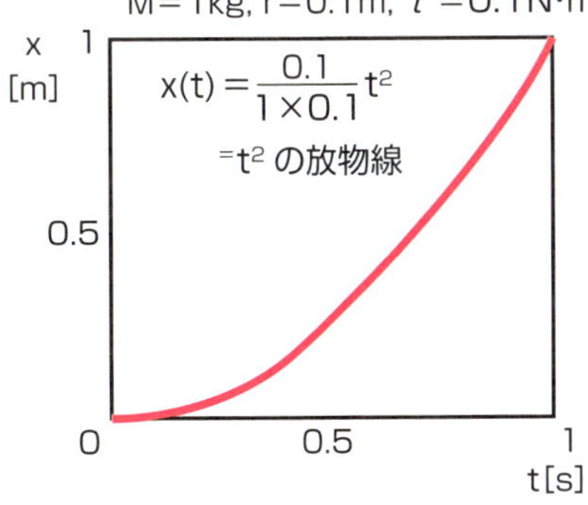

図4　プーリが物体を引く力

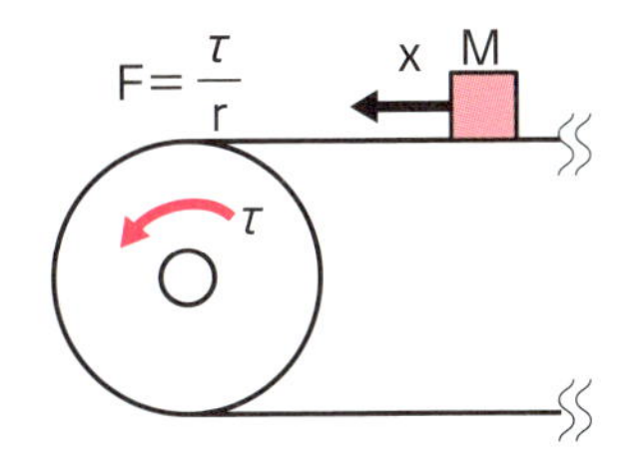

35 ギア機構の運動モデル（自動車パワートレイン）

様々な剛体の運動方程式（その3）

本節ではギアを介した運動方程式を自動車を例に考えてみましょう。

図1に自動車の概要図を示します。自動車内部で慣性モーメント I_e[kg・m²]を持ったエンジンが回転しています。その回転は、ギア比G（出力軸の歯数÷入力軸の歯数）を持ったギアを介して、半径r[m]のタイヤに伝わります。タイヤの回転によって質量M[kg]の車体（エンジン含む）が前進します。

エンジンのトルクがτ[N・m]であるとき、自動車はどのように加速するでしょうか。

まず、タイヤの回転軸まわりの慣性モーメント I_t[kg・m²]を求めます。タイヤが回転するときは、常に車体の質量を感じながら回転するので、34と同様、質量Mがタイヤに取り付けられていると考えて、$I_t = Mr^2$を得ます。

次に、このI_tがエンジンにとっていくらに変換されるかを考えます。26で述べたように、出力軸の慣性モーメントは入力軸にとっては$1/G^2$に感じるので、エンジン軸換算の車体の慣性モーメントはI_t/G^2 [kg・m²]に変化します。

結局、エンジン軸まわりの総慣性モーメントはエンジン自身のI_eにI_t/G^2を加えたものとなります。これがトルクτ [N・m]で加速されるので、エンジンの運動方程式は①式（図2）となります。

さらに、エンジンの回転角度とタイヤの回転角度の関係は、

$$\theta_t(t) = \theta_e/G \quad \cdots ②$$

で、タイヤの回転角度と車体の運動との関係は、

$$x(t) = r\theta_t(t) \quad \cdots ③$$

なので、①にこれらを代入すると⑤を得ます。

このように、運動方程式を求める際は、何かの変数（この場合は$\theta_e(t)$）に次々と変換して立式した後、元の変数に戻す（この場合は$x(t)$）、という作業を繰り返すことが多いのです。

●関係式を次々立式して最後に求めたい変数に戻す
●各部の関係式をていねいに追いかける

図1　自動車のモデル図

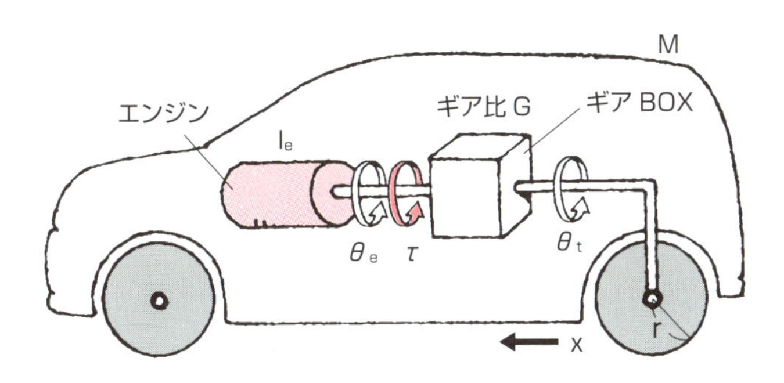

M：車体質量［kg］
I_e：エンジンの慣性モーメント［$kg \cdot m^2$］
G：ギア比（出力歯数 / 入力歯数）
r：タイヤ半径
θ_t：タイヤの回転角度［rad］
θ_e：エンジンの回転角度［rad］
x：車体の移動距離［m］
τ：エンジントルク［N］

図2　各部の運動方程式

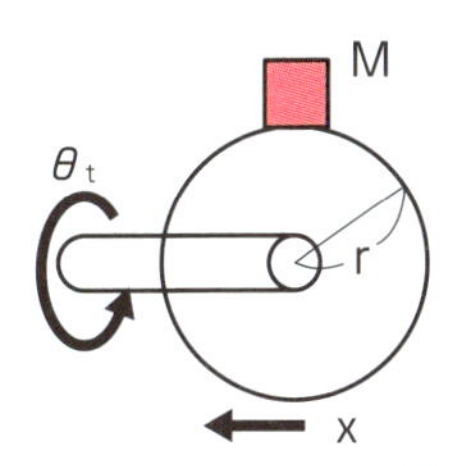

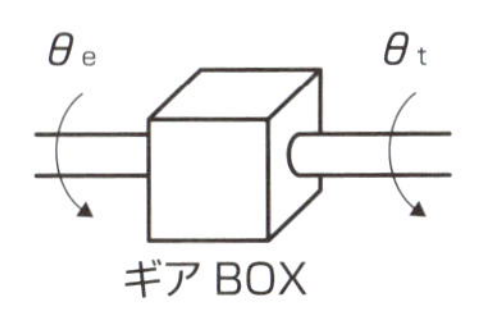

θ_tにとって車体は
慣性モーメント $It=Mr^2$
$x(t)=r\theta_t(t)$ …③

θ_eにとっては車体の慣性モーメントは、
$\frac{1}{G^2} I_t$
$\theta_t(t) = \frac{1}{G}\theta_e(t)$ …②

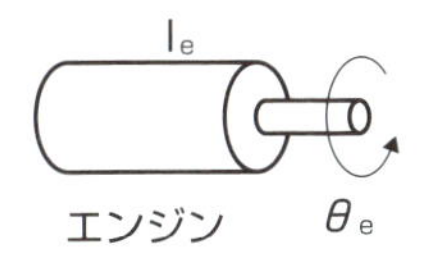

θ_eの総慣性モーメントは、$I_e+\frac{I_t}{G^2}$
したがって、$\left(I_e+\frac{Mr^2}{G^2}\right)\ddot{\theta}_e(t)=\tau$ …①
①に②を代入して、$\left(I_e+\frac{Mr^2}{G^2}\right)G\ddot{\theta}_t(t)=\tau$ …④
④に③を代入して、$\left(\frac{G}{r}I_e+\frac{Mr}{G}\right)\ddot{x}(t)=\tau$ …⑤

36 ボールねじ機構の運動モデル

様々な剛体の運動方程式（その4）

工作機械などで最もよく使われている部品の一つが図1のボールねじです。機械要素の一つであり、モータの回転運動を直線運動に変換する際にたいへん重宝されています。

動作原理は、ねじを回すとナットが前後に動くのと同様です。摩擦を小さくするためにボールベアリングがナットの溝部分に仕込まれているので、この呼び名があります。

図2のようにボールねじにモータを接続した機構の運動方程式はどのようになるでしょうか。図2ではねじ軸が回転するとナットが移動し、ナットに固定された台座とそこに載せられた物体が移動します。

ボールねじの特性を表すのに、「リード」という言葉が用いられます。これはねじ軸が1回転したときにナットが移動する距離を表します。

さて、回転角度θ［rad］と移動距離x［m］の関係は、2π［rad］（1回転）でリードL［m］分進むので、

$$x(t)=L/2\pi\theta(t) \quad \cdots①$$

となります。これは半径$L/2\pi$［m］のプーリを回転させているのと等価な運動です（半径$L/2\pi$［m］のプーリは1回転Lm。

つまり、ボールねじ自身のねじ径とは関係なく、モータに半径$L/2\pi$［m］のプーリが直結されて、直線運動に変換されているのです。

リードには様々なサイズがありますが、例えばL=2㎜であれば、半径0・32㎜のかなり微小なプーリに相当します。

もし、台座の質量がM［kg］であれば、ねじ軸では$M(L/2\pi)^2$［kg·m²］の慣性モーメントとして感じられます。

また、モータがτ［N·m］でねじ軸を回転させるトルクは、台座では、

$$2\pi/L\tau \text{［N］} \quad \cdots②$$

の推力に変換されます。リードが2㎜であれば、1N·mが3142Nの大きさにもなるのです。

要点BOX
- ●ボールねじは極小プーリと考える
- ●小さなトルクで大きな推力得ることができる
- ●大きな回転で微小変位が可能

図1　ボールねじの概略図

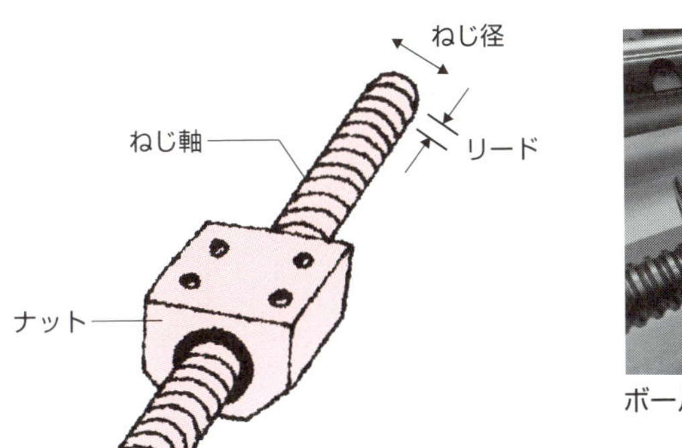

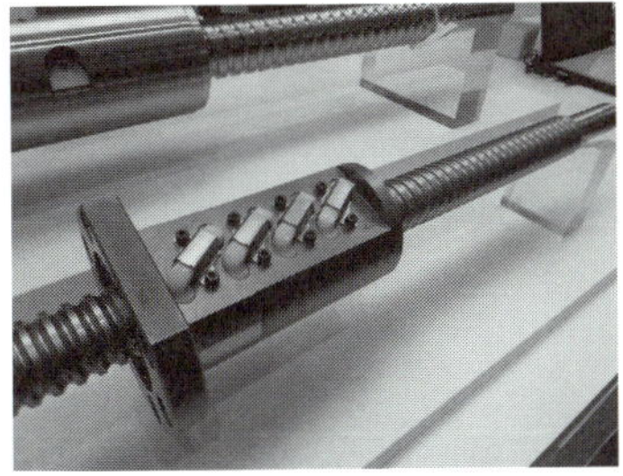

ボールねじ

図2　ボールねじを用いた機構

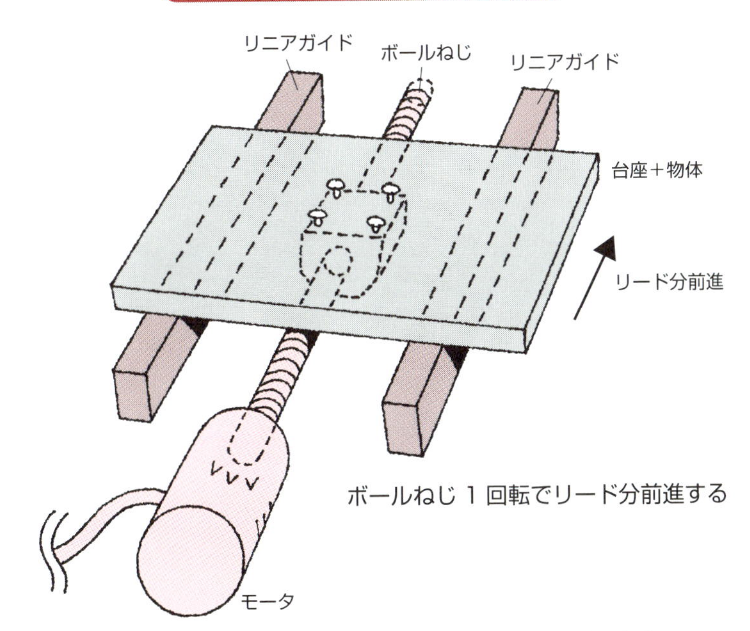

ボールねじ 1 回転でリード分前進する

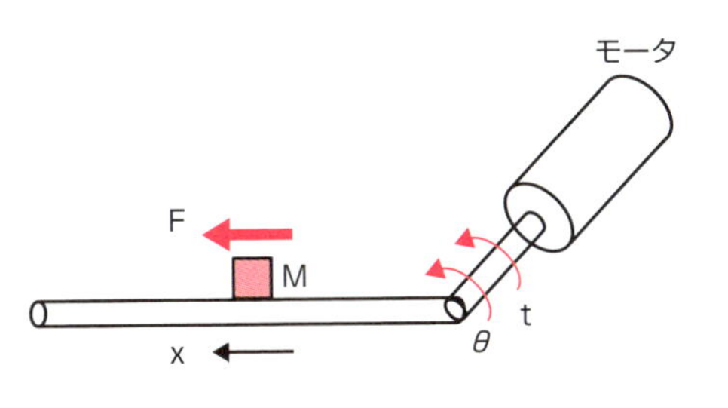

x：移動距離［m］

L：リード［m］

θ：ねじ軸の回転角度［rad］

τ：ねじ軸のトルク［N·m］

F：ナットの推力［N］

$$x(t)=\frac{L}{2\pi}\theta(t) \quad \cdots①$$

$$F=\frac{2\pi}{L}\tau \quad \cdots②$$

37 ピストン・クランク機構の運動モデル

回転運動と直線運動のシンプルな変換

ピストン・クランク機構は、回転から直線、あるいは直線から回転へと運動を変換する機構としてよく知られています。

ピストン・クランク機構の仕組みは、図1❶～❻のコマ送り図のように回転するクランクに、もう一つのリンク(コネクティングロッド)が取り付けられ、さらにその端にピストンが接続されてます。

クランク側を一方向に回転させ、そこからピストンの往復運動を得る応用例としては、圧縮機があります。反対にピストン側を往復運動させ、回転運動を得る機構ではエンジンが知られています。

この機構のピストン側の力f[N]とクランク側のトルクτ[N·m]の関係式を求めましょう。図2においてクランクの回転角度と長さをそれぞれθ[rad]、r[m]、コネクティングロッドの角度と長さをそれぞれφ[rad]、L[m]とし、クランク回転中心とピストン中心の距離をx[m]とします。すると、長さの関係から①が得られ、さらに、Lがrよりも十分長くφが十分小さいと仮定すると、

$$x=L+r\cos\theta+L \quad \cdots②$$

を得ます。②をθで微分した③を17の関係式④$\tau=f\times dx/d\theta$に代入すると、

$$\tau=f\times(-r)\sin\theta \quad \cdots④$$

となり、これがトルクと力の関係式になります。

④の−(マイナス)符号は、図2では横軸の右方向を正、回転軸の左回転を正にとっているので、$0<\theta<\pi/2$のとき、右向きの力が負方向の回転のトルクを生むことを表しています。

④から、クランクの角度が0°のリンクが伸び切った状態(図1❷)、あるいは180°のリンクが縮み切った状態(同❺)におけるトルクは0になり、もしエンジンならばタイヤ推力を発生できない、言わば〝死んだ〟状態になることが分かります。このため図1❷を上死点、❺を下死点と呼びます。

要点BOX

- ピストン側駆動をエンジン、クランク側駆動を圧縮機で利用
- 上死点・下死点ではトルク0

図1　ピストン・クランクの運動

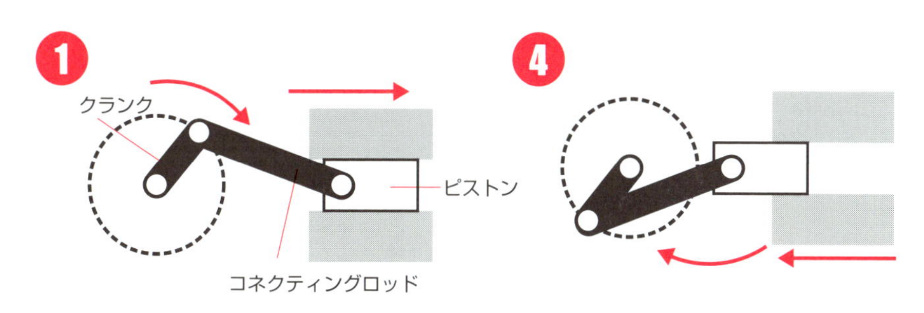

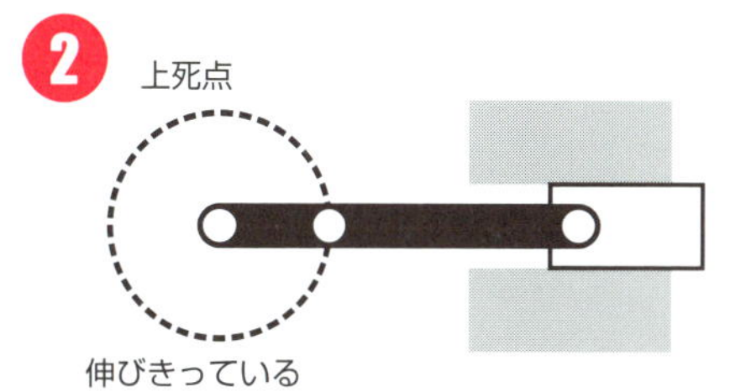

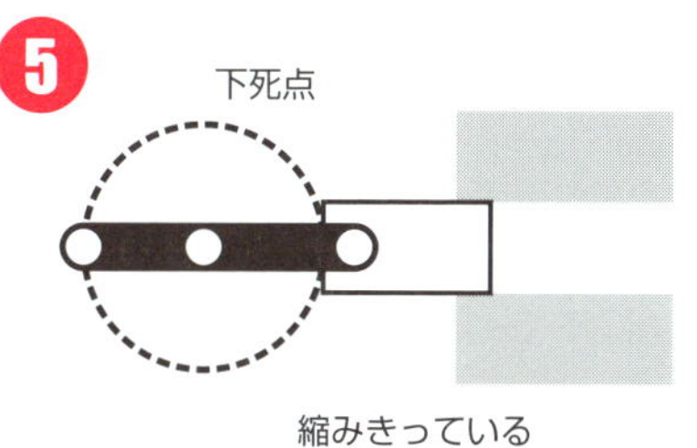

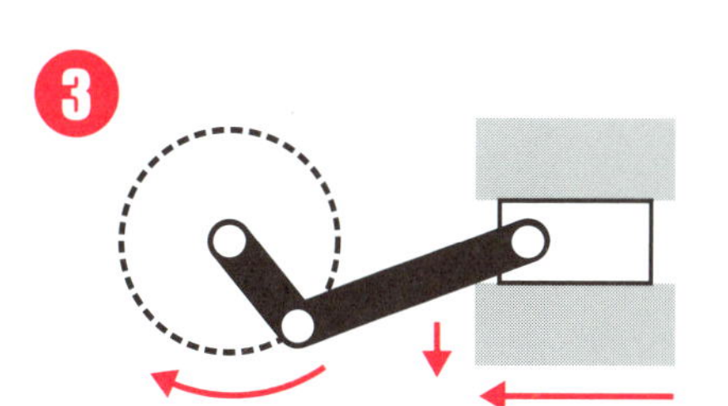

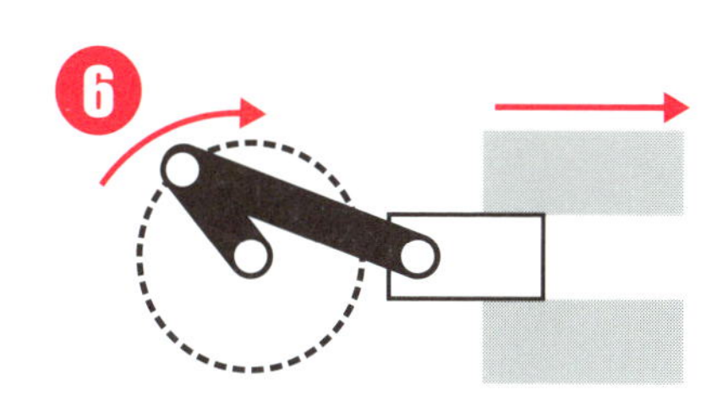

図2　ピストン・クランクのモデル図

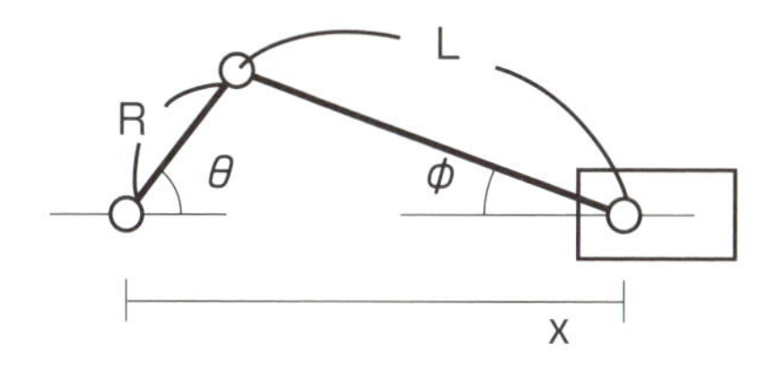

$Rx = r\cos\theta + L\cos\phi$　…①

（$L\cos\phi$：Lと近似）

$x = r\cos\theta + L$　…②

$\dfrac{dx}{d\theta} = -r\sin\theta$　…③

$\dfrac{dx}{d\theta} = \dfrac{\tau}{f}$ だから、$\tau = -fr\sin\theta$ …④

38 平行リンク機構の運動モデル

リンクで延長しても必要トルクは変わらない

16で平行リンクを支えるつり合いのトルクについて解説しましたが、本節では平行リンクの運動方程式について説明します。

図1は平行リンクのモデル図です。長さr［m］のリンクAに台座リンクが付加されて、軸Oから荷物までの長さがL［m］に延長された平行リンクです。

この軸Oに加えるトルクτによって、平行リンク上の荷物m［kg］はどのような運動を行うでしょうか。ここでリンクの質量は0とします。

16で述べたように、荷物を支える力は台座部分の長さには依存しません。あたかもリンクAに荷物が直結しているかのように考えることができます（図2）。

したがって荷物の重力mg［N］とつり合うトルクτ_0を考えると、

$\tau_0 = mgr\cos\theta$ …①

となります。このため、軸Oのトルクτからつり合いに必要なτ_0を引いたものが、荷物を持ち上げ加速する実質のトルクτ_1になります（②）。

さて、軸Oのまわりに半径r［m］で回転する質量m［kg］の質点の慣性モーメントは、mr^2［$kg \cdot m^2$］で、τ_1によって角加速度$\ddot{\theta}(t)$が生じるので、③を得て、②を代入することで④の運動方程式を得ます。

この運動方程式に、台座の長さは現れません。したがって、荷物が回転軸から遠く離れて存在しても運動方程式は不変です。

では、平行リンクではない1リンク機構と平行リンクでは、運動方程式は同一でしょうか。

実は回転するリンク長が同じでも運動方程式は異なります。図3の1リンク機構では、θの回転に連れて荷物も回転しますが、図1の平行リンクでは荷物が回転しません。この違いによって生じる運動方程式の違いは48で説明します。

●運動方程式は回転するリンクの長さで決定される
●台座の長さは運動に影響しない

図1　平行リンクの概略図

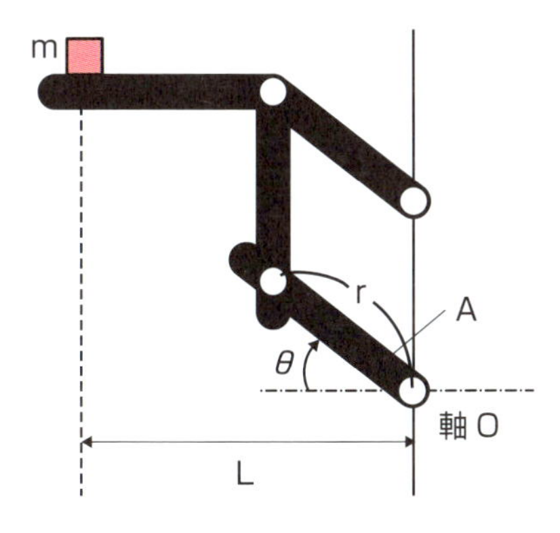

m：荷物の質量［kg］
r：リンク A の長さ［m］
θ：リンク A の角度［rad］
τ：軸 O でのトルク［N·m］

図2　重力と釣り合うトルク

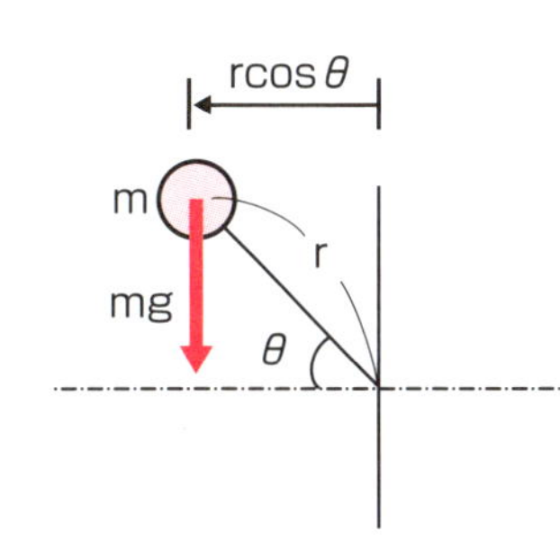

$\tau_0 = mgr\cos\theta$　…①

τ_0：重力と釣り合うトルク［N·m］

τ_1：実質のトルク［N·m］

$\tau_1 = \tau - \tau_0 = \tau - mgr\cos\theta$　…②

$mr^2\ddot{\theta}(t) = \tau_1$　…③

$= \tau - mgr\cos\theta(t)$　…④

図3　1リンク機構と平行リンク機構の荷物の持ち上げ

荷物が回転する

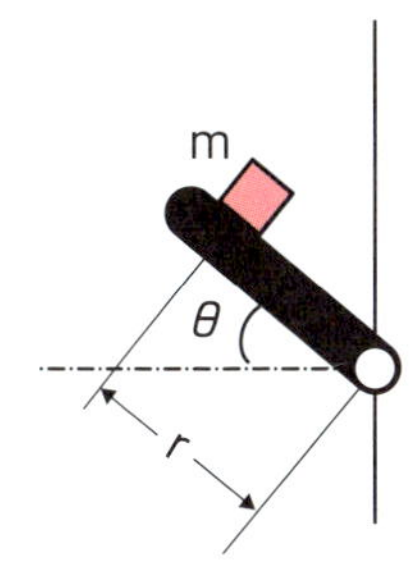

荷物が回転しない

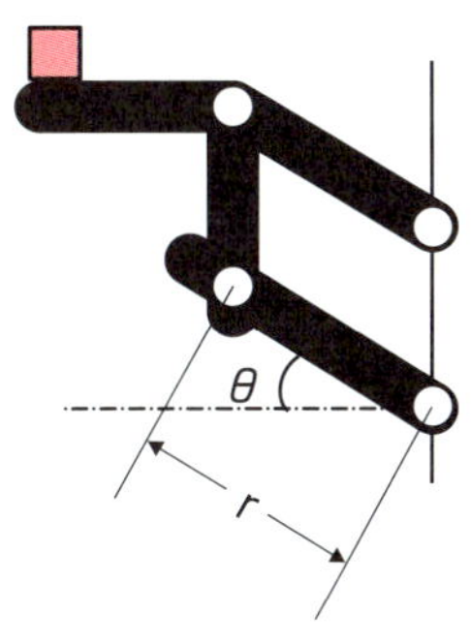

39 メカナムホイールによる全方向移動機構

回転量を制御して方向も制御できる仕組み

図1は、11で紹介したメカナムホイールと、それを用いた全方向移動機構です。

メカナムホイールは大きな車輪（主輪）の周囲に45度傾けた小さな車輪（バレル：樽）をたくさん配置したものです。主輪はモータに接続されていますが、バレルは自由に回転するフリーローラーです。図1右では、これを車体に四輪取り付けることで、左右、前後、そして回転の全方向の運動を可能にしています。なぜこの車輪で全方向移動が可能になるのでしょうか。

図2左に左主輪が一回転したときの床面上での運動ベクトルを記載します。実線太矢印は主輪の回転による運動ベクトルで、前方向に距離2πr［m］だけ進みます。そこを始点に数本伸びている点線ベクトルは、バレルが回転して付加される運動の一例です。バレルはフリーローラーですので回転量は定められず、図の❶、❷、❸、❹どのような距離の走行も可能です（点線の方向はバレルの角度45°限定）。実線細矢印は主輪とバレルの運動の合成ベクトルで、車輪単独では様々な方向に移動する可能性を持っていることが分かります。

図2右は、右主輪が車輪単体で一回転前転したときの運動ベクトルです。バレルの向きが反対の方向に取り付けられているので、合成ベクトルは左輪とは対称です。

さて、左右の車輪は車体で結合されているので、左右車輪の運動ベクトルは同一のはずです。すると、右図と左図の共通ベクトルはただ一つ、図に示された前進のみが許容された運動だと分かります。

図3は、左主輪が前転、右主輪が後転したときの同様のベクトルです。このとき、左右車輪の共通ベクトルは真横方向ただ一つです。このように主輪の回転量を制御することで、あらゆる方向の中でただ一つの移動方向を定めることができるのです。

- ●メカナムホイールは45°傾けたバレルが特徴
- ●主輪の回転を制御してあらゆる方向に移動可能

図1　メカナムホイールとそれを用いた全方向移動機構

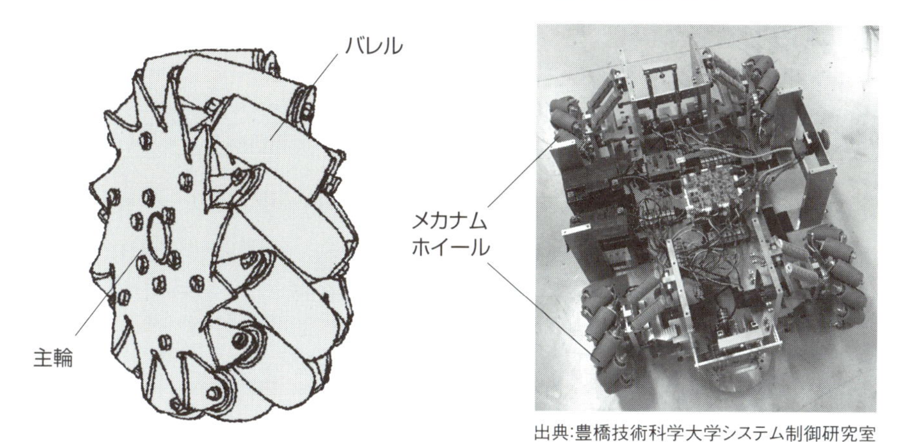

出典:豊橋技術科学大学システム制御研究室

図2　半径r［m］の主輪が両軸とも1回転前進したときの運動

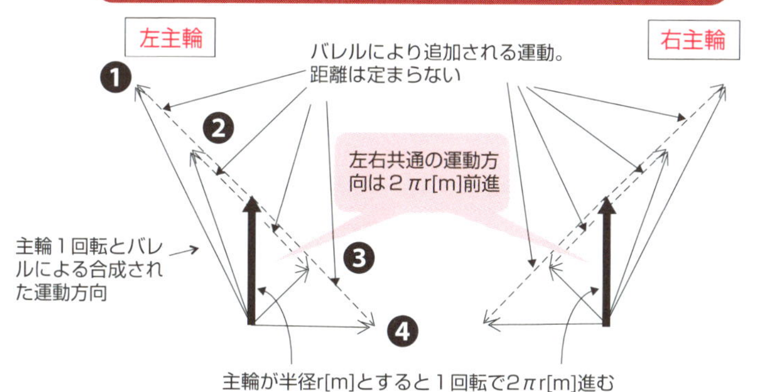

図3　左主輪が前進、右主輪が後退したときの運動

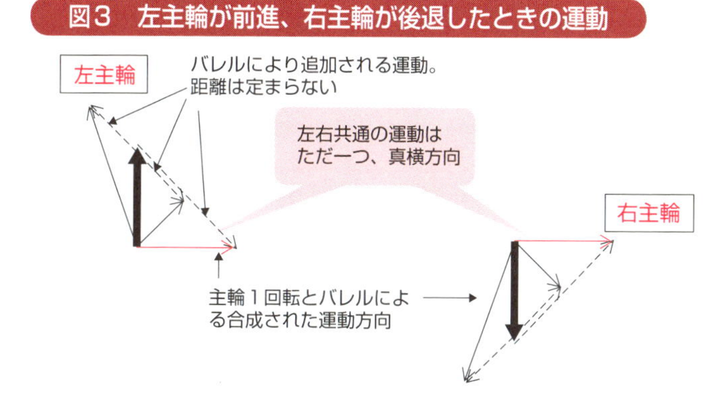

Column

ロボットの得意な運動、ヒトの得意な運動

2リンクロボットは、2つのモータからなるシンプルな機構です。しかし、その力学はたいへん難解です。必ずしも直感的に動かず、制御が難しい機構と言えます。

ここでクイズです。左図のおよそ45°に設定されたロボットで、2つのモータに1N・mずつ、左回転方向にトルクを与えたとします。先端は壁に固定されているとして、ロボットはどちらの方向に力を発揮するでしょうか。

壁を斜め45°に押しているe、あるいはdの方向と回答する設計者が多いと思いますが、実際はgの方向に力を発揮します。設計者は人間の感覚で押し当てるつもりで力を設定しますが、壁を引きはがす方向に力が発揮されるのです。

もう一つ、リンクロボットには特異点と呼ばれる厄介な特性があります。右図のように完全にリンクが一直線に伸びた状態から矢印の方向に動かそうとしても、突っ張ってしまい動かすことができません。こうした任意の方向に動かせなくなる点(動かすための関節角度が求められなくなる点)を特異点と言います。特異点の近傍では、急に関節の速度を上げなければならないこともあります。

筆者は以前、人間の動きをコピーするロボットを作ったことがあります。米国にいる操作者の手先の運動を、そのまま日本のロボットにコピーさせる研究です。このとき問題になったのが、特異点です。ロボットが人間のゆっくりした運動にさえ追い付かなくなるのです。人間にとって何の違和感もない自然な動きが、ロボットにとって極めて不自然な動きになります。言い換えると、機械には機械に適した運動があり、その運動メカニズムは動物のそれとはまったく異なるのです。

この2リンクロボットは，静止状態でどの方向に力を発揮するか？

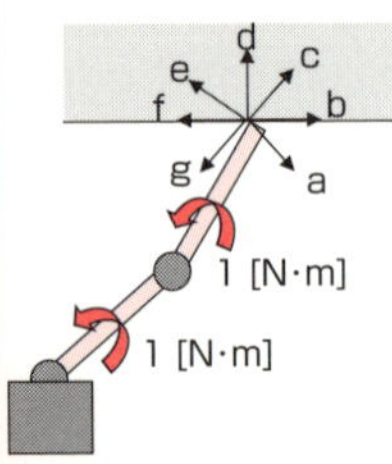

この姿勢では矢印の方向に動かすことはできない

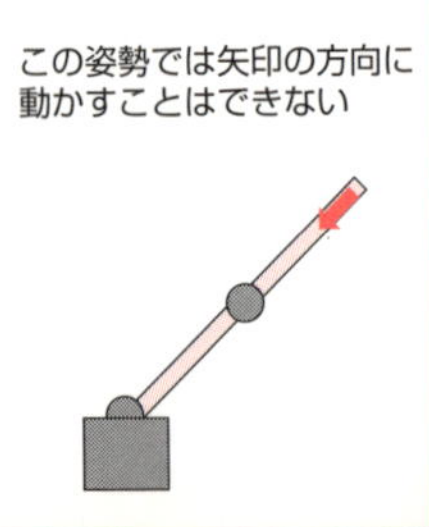

第5章

緩衝力や摩擦力が関わる機械要素の力学

40 バネの運動とフックの法則

弾性変形を利用する機械要素

変形しない性質である剛性に対して、ボールのように変形・復元する性質を「弾性」といいます。

弾性変形を生じる機械要素としてバネが知られています。一般的なバネが発揮する力は縮み、もしくは伸びに正比例しますが、この現象は発見者の名をとって「フックの法則」と呼ばれます。バネの自然長からの変位（伸び・縮み）x［m］と力f［N］の典型的な関係は、フックの法則より、

f＝kx…①

で表されます（図1）。ここで係数k［N/m］をバネ定数と呼びます。もしバネ定数が1000 N/mであれば、バネを10㎜縮めたときには、その両端に10Nの伸びようとする力が発生し、10㎜伸ばせば、その両端に10Nの縮もうとする力が発生します。

ただ、全てのバネがフックの法則に従うわけではありません。中には「定荷重バネ」と言って、伸びに関わらず一定の力を発揮する機械要素もあります（図2）。定荷重バネには、ある定まった重量の荷物が重力で落ちないようにバランスさせる「バランサー」としての用途が知られています。

さて、7で述べたように、バネの端から力fを加えても、バネは質点の運動に寄与しません。したがって質点の運動方程式は、

mẍ(t)＝f…②

となります。このとき、1s間、1Nを加えたときの力と速度は7の図2のようになります。

では、バネ端の位置や質点の位置はどのようになるのでしょうか。そのグラフを図3に示します。力が加えられている間は、質点は③の関数で運動しますが、力がゼロになると等速運動に変わります。

一方、バネ端は力が加わった瞬間、フックの法則により自然長から1/k［m］だけ縮みます。その縮みを保ったまま加速度運動を続けますが、力が除去された瞬間、自然長に戻ります。

要点BOX
- ●伸びと力はフックの法則で正比例
- ●伸びても反力の変わらない定荷重バネもある

図1　伸縮と発生する力の関係

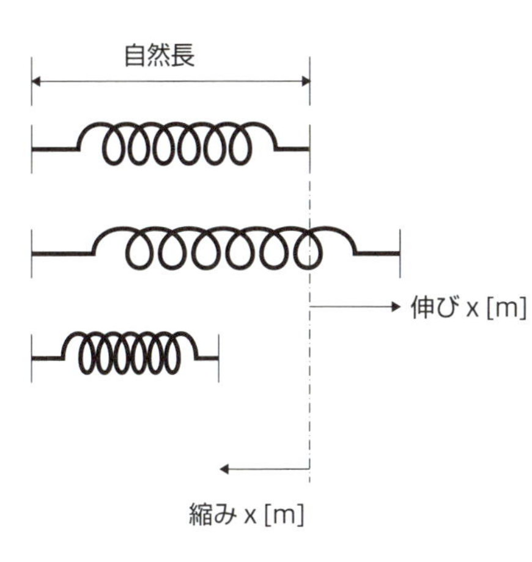

f：発生する力［N］
k：バネ定数［N/m］
x：自然長からの変位［m］

フックの法則：$f = kx$　…①

図2　定荷重バネの特徴

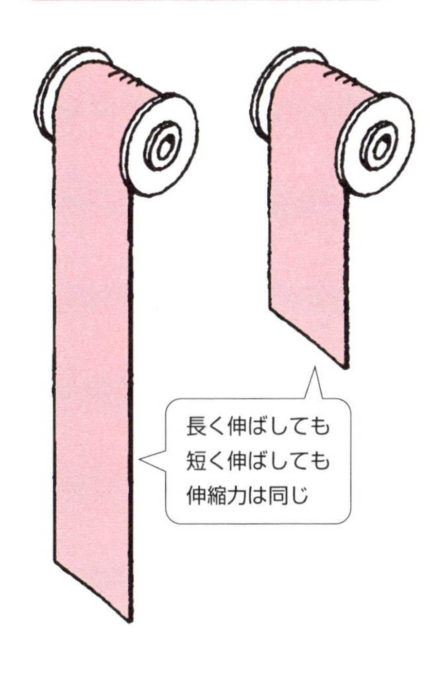

図3　質点とバネの挙動

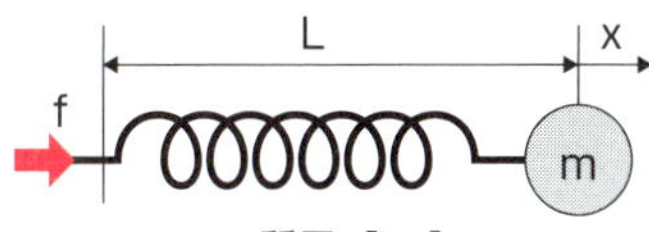

m：質量［kg］
x：物体の位置［m］
f：印加力［N］
k：バネ定数［N/m］
L：バネの自然長［m］

$$x(t) = \frac{1}{2}\frac{k}{m}t^2 \cdots ③$$

x [m]
質点の位置
バネ端の位置
③
L
O
L
t［s］
$\frac{1}{h}$[m] 縮む

41 機械にとってのエネルギーとは何か

力学的エネルギー保存の法則

エネルギーには様々な種類がありますが、本節では「運動エネルギー」と「ポテンシャルエネルギー（位置エネルギー）」を取り上げます。仕事もエネルギーも等価なので、単位は[J]になります。

ここでエネルギーとは、「その物体が持っている仕事をする能力」、あるいは「仕事がなされた結果、その物体が得たもの」を指します。

例えば、質量m[kg]、速度v[m/s]の物体Aの運動エネルギーは$1/2mv^2$ですが、これは仕事がなされて獲得したものです。仮に停止している物体Aにある力f[N]を微小時間Δt[s]加え、その間に微小距離Δx[m]移動したとするとAはまさに、

$f \times \Delta x$ [J]　…①

の仕事をされていることになります。力f[N]によって物体は加速度運動を行い、図1のようにΔt後の速度はΔv[m/s]になります。すなわち、加速度は、

$m/f = \Delta v/\Delta t$ [m/s²]　…②

です。この間、進んだ距離は図1の灰色部分の三角形の面積なので、

$1/2 \times \Delta v \times \Delta t$ [m]　…③

になります。したがって①に②、③を代入すると、運動エネルギーの式$1/2m\Delta v^2$を得ます。

ポテンシャルエネルギーは、バネや重力下の物体への仕事の結果蓄積されるものです。バネの場合は、力と縮み量の関係は図2左のように比例関係になっています。仕事は微小区間Δxとそのときの力Fの積の蓄積とも言えるので、図2右のように考えると、一つ一つのバーの総面積、すなわち図2左の灰色部分の三角形の面積が仕事になるので、ポテンシャルエネルギーは$1/2kx^2$[J]となります。

機械力学では、他のエネルギーへの変換がなければ「ポテンシャルエネルギーと運動エネルギーの和は保存される」という「力学的エネルギー保存の法則」が頻繁に登場します。

要点BOX

- ●運動エネルギー＋位置エネルギー＝力学的エネルギー
- ●エネルギーとは、仕事をする能力

図１　運動エネルギーの導出

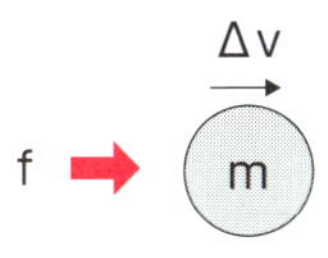

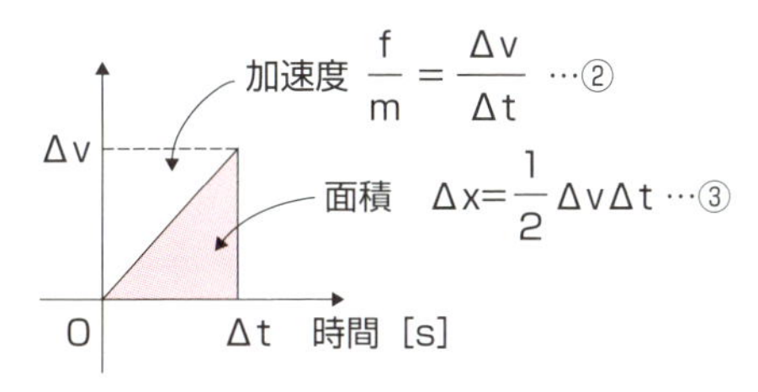

f：印加力［N］
m：物体の質量［kg］
Δv：物体の速度［m/v］
Δx：物体が進んだ距離［m］

$$f\Delta x = m\cdot\frac{\Delta v}{\Delta t}\cdot\frac{1}{2}\Delta v\Delta t$$

①　②　③

$$=\frac{1}{2}m\Delta v^2$$

図２　ポテンシャルエネルギーの導出

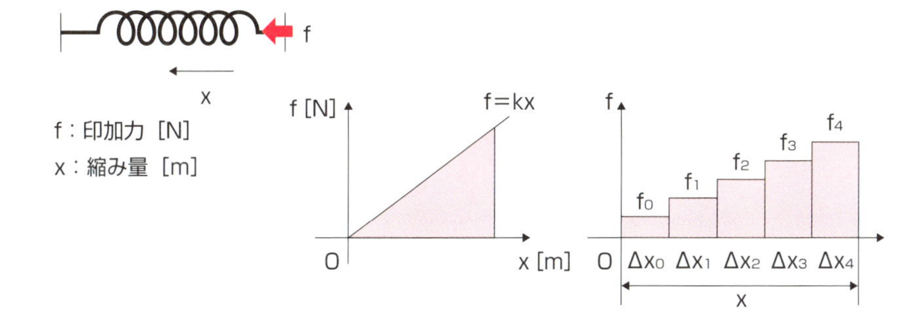

$x=\Delta x_0+\Delta x_1+\Delta x_2+\Delta x_3+\Delta x_4$

x を縮めるためにした仕事 $=f_0\Delta x_0+f_1\Delta x_1+f_2\Delta x_2+f_3\Delta x_3+f_4\Delta x_4$

＝三角形の面積

42 流体の抵抗を利用する粘性ダンパ

粘性抵抗の応用

水や空気などの流体中を物体が運動するとき、物体は流体から抵抗力を受けます。

この抵抗力には何種類もありますが、典型的な抵抗力の一つが「粘性抵抗」です。これは物体と流体の相対速度に比例して現れるもので、物体が流体の中で流速の早い場所、遅い場所を作るときに生じるせん断力を受けて現れます。

図1は、物体が停止して流体が流れている場合ですが、同じことです。粘性抵抗力f[N]は、粘性減衰係数c[N・s/m]、流体と物体との相対速度v[m/s]を用いて、

f＝c×v…①

で表されます。係数の単位は、そのままではピンときませんが、N/(m/s)と書き換えれば、1m/sあたり何Nの抵抗力を発揮するかを表していることが分かります。

この特性を機械要素に生かしたものが、粘性ダンパです(図2)。

液体などを封入して、ダンパの両端の速度差に比例した抵抗力を生み出します。したがって、両端を圧縮しようと力を加えても、早い速度ほど抵抗力が高まって圧縮速度が抑制されますし、両端を伸長しようとしても伸長速度が抑制されます。

例えば、粘性減衰係数c＝100N・s/mを持つダンパを10Nで押し込んだ場合、①より10＝100v、したがって最大速度v[m/s]は0.1m/sに抑えることができます。

この特性を生かして、早く動き過ぎると不具合が生じる場所に粘性ダンパは用いられます。

もちろん、一般の機械では流体中でなくとも粘性が生じている場合もあります。グリースなどによるリンクの関節間の粘りや、リンク自身によるたわみの減衰などです。

これらの効果については、第6章で説明します。

要点BOX
●粘性抵抗力＝粘性減衰係数×相対速度
●速く動くと困る場所で使用

図1　粘性抵抗の発生原理と式

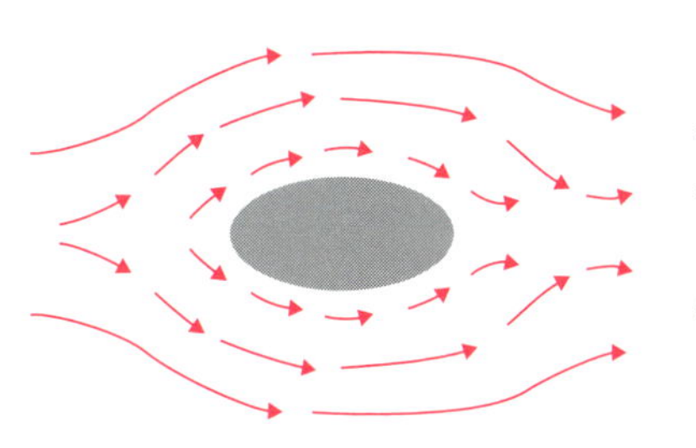

⇒物体の近くの流速は遅く、遠くの流速は早い
⇒速度差による流体の引きちぎり
＝物体が流体を引きちぎる力：作用
物体が流体から受ける力：反作用

f：粘性抵抗力［N］
v：流体速度［m/s］
c：粘性減衰係数［N·S/m］

$$f = cv \quad \cdots ①$$

図2　粘性ダンパの構造例

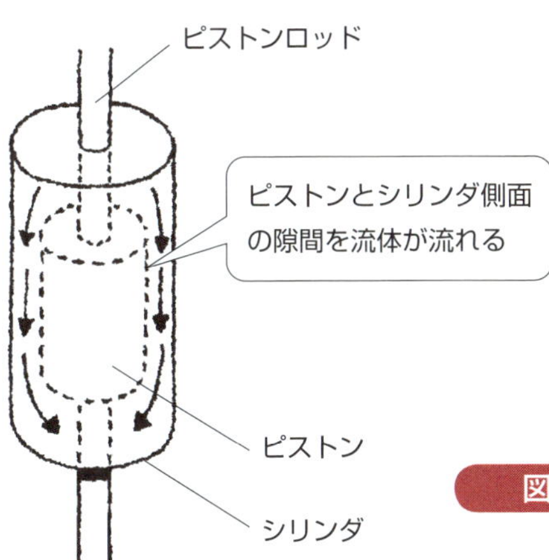

図3　粘性ダンパの効果

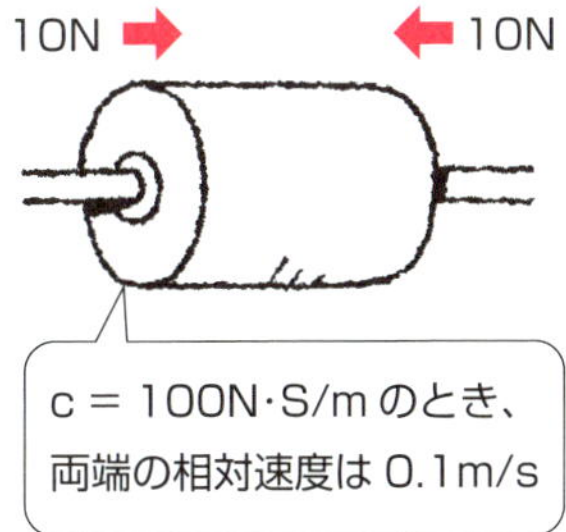

c = 100N·S/m のとき、
両端の相対速度は 0.1m/s

43 運動する物体にかかる抵抗

速度の2乗に比例する圧力抵抗

流体からの抵抗力でもう一つ代表的なものが「圧力抵抗」です。圧力抵抗は、流体の動きが物体によって妨げられ、そこに圧力が生じることによって生じます。

粘性抵抗は流体の速度に比例しましたが、圧力抵抗は流体の速度の2乗に比例するのが特徴です（図1）。このとき、圧力抵抗[N]は、次式で表されます。

$F_D=1/2 CD \rho Av^2$ …①

ここでCDは抗力係数、ρは流体の密度[kg/m³]、Aは流体の流れに垂直な最大投影面積[m²]、vは物体と流体の相対速度[m/s]です。なぜ速度の2乗になるかは、61で説明します。

さて、この抵抗力が如実に現れるのが自動車の空力抵抗です。その一例をグラフに示すと図2のようになります。車速が上がるに連れて放物線状に走行抵抗が大きくなっていくことが分かります。

この例は、CD=0.30、最大投影面積A=2.11m²の場合ですが、最大投影面積とは、図3のように流れに対して垂直な面に、物体の姿を2次元に写し取った図の面積のことを言います。正面図の面積といってよいでしょう。

では、この自動車が時速108km/hで走行した場合、何ニュートンの空力抵抗を受けるでしょうか？　時速108km/hは、108×10^3m/3600s=30m/sで、空気の密度は1.29kg/m³ですので、①に代入してF_D=367.5Nを得ます。

空力抵抗を小さくするためには、CDを小さくするか、面積を小さくするか、速度を落とすしかありません。

CDは物体の形状に強く依存し、現在は乗用車だと0.3前後、トラックだと0.5~0.7程度と言われています。特にイルカのような流線形回転体では抵抗係数は著しく小さくなり、0.002以下になります。イルカの形にも理由があるのです。

●圧力抵抗は速度の2乗に比例する
●イルカの抗力係数は乗用車の1/100以下

図1　圧力抵抗の発生原理と式

$$F_0 = \frac{1}{2} C_D \rho A v^2 \quad \cdots①$$

CD：抗力係数（単位なし）
ρ：流体の密度［kg/㎥］
A：投影面積［㎡］
v：物体と流体の相対速度［m/s］
F_0：圧力抵抗［N］

図2　空力抵抗の実例

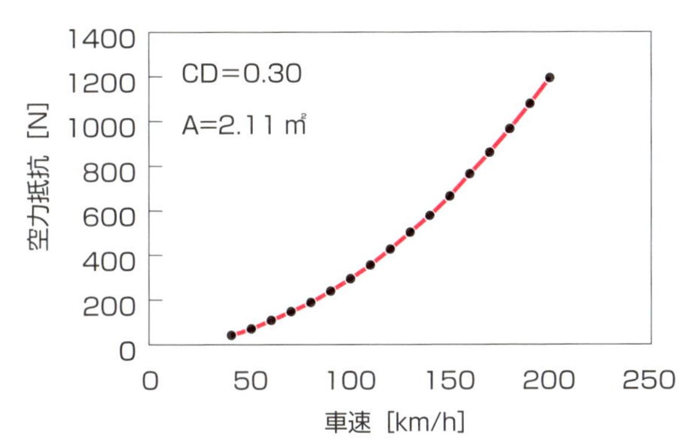

出典:炭谷圭二他,「ながれ」23 pp.445-454、図3
自動車と流体力学:車体周り流れと空力特性、日本流体力学会、2004年より編集

図3　最大投影面積の概略図

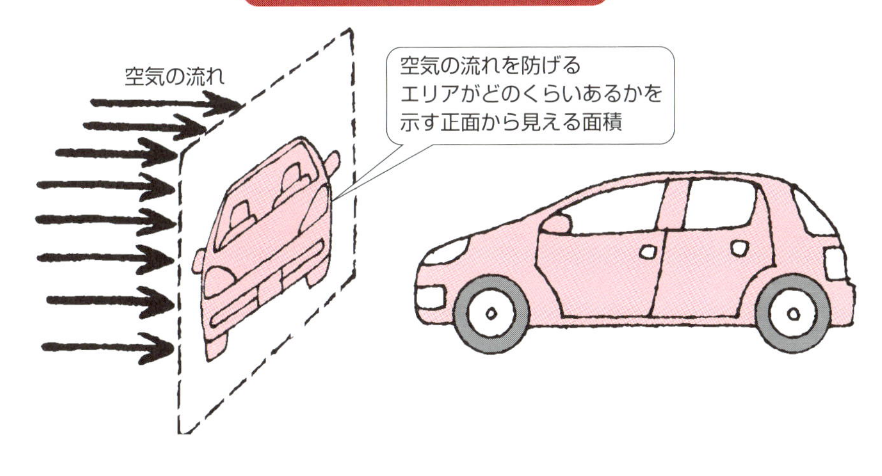

44 抵抗によって失われる損失エネルギー

流体中の物体とエネルギー保存則

粘性抵抗や圧力抵抗と力学的エネルギー保存の法則（41）の関係はどうなっているのでしょうか。

粘性抵抗や圧力抵抗などがなければ、運動エネルギーやポテンシャルエネルギーは、それらの和（合計）を保ちながらお互いに変換し続けることができます。

図1は片側が固定されたバネの往復運動（伸縮運動）です。粘性抵抗がない場合は、図2左のようになります。最もポテンシャルエネルギーが大きい状態（バネが伸縮し切って物体が停止している状態）と、最も運動エネルギーが大きい状態（バネ長さが0の状態）を無限に繰り返します。

前者は力学的エネルギーの全てがポテンシャルエネルギーに変わっており、後者は全てが運動エネルギーに変わっています。ポテンシャルエネルギーに関係する位置 $\sqrt{k}x$[m]を横軸に、運動エネルギーに関係する速度 $\sqrt{m}v$[m/s]を縦軸に取ると、図2右のような円の関数で表現できます。

しかし粘性抵抗や圧力抵抗があると、力学的エネルギーは失われ、保存されません。このときの伸縮運動の様子を図3左に示します。縦横軸を図2右と同じにすると、時間と共にどんどん原点に収束していくことが分かります。

では、その分のエネルギーはどこへ行くのでしょうか。それは最終的に熱として環境中へ散逸してしまいます。この失われるエネルギーを表す関数を散逸関数と呼びます。粘性抵抗の散逸関数は、

$$D=1/2cv^2 \quad \cdots ①$$

で、単位は[J/s]になります。つまり、1秒間にどれだけの力学的エネルギーが熱に代わって行くかの度合いを表す関数です。

この散逸関数によって、物体に速度がある限り、どんどん力学的エネルギーは熱に変わっていき、最後には力学的エネルギーは0になって運動は停止してしまいます。

要点BOX

- 力学的エネルギーは抵抗により熱になって散逸
- 力学的エネルギーは抵抗によりらせん状に小さくなる

図１　バネとダンパのモデル図

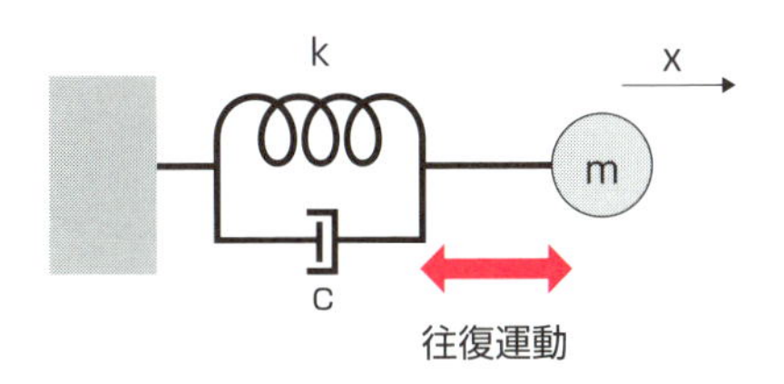

k：バネ定数［N/m］
c：粘性抵抗［N·S/m］
m：質量［kg］
x：物体の位置［m］

図２　c＝０のときの往復運動

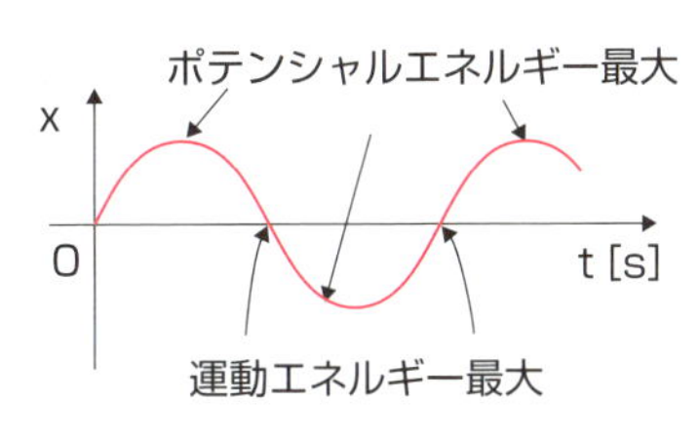

時間と共にぐるぐる回る

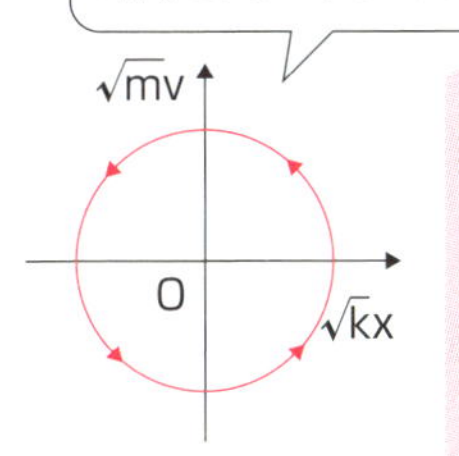

$\frac{1}{2}mv^2+\frac{1}{2}kx^2=$一定

$\rightarrow mv^2+kx^2=$一定

$\rightarrow(\sqrt{m}v)^2+(\sqrt{k}x)^2=$一定

これは円の式を表す

図３　c≠０のときの往復運動

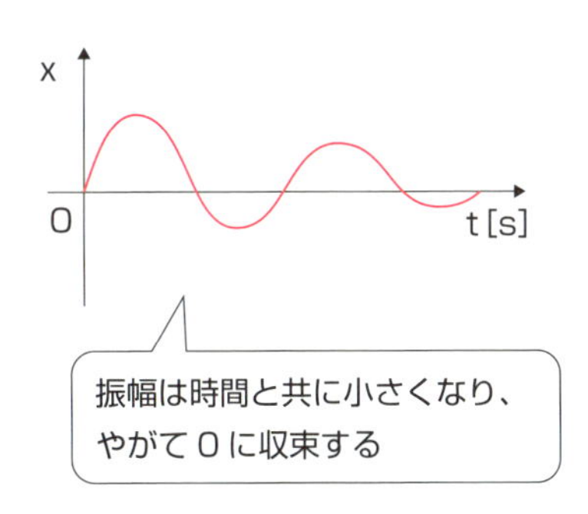

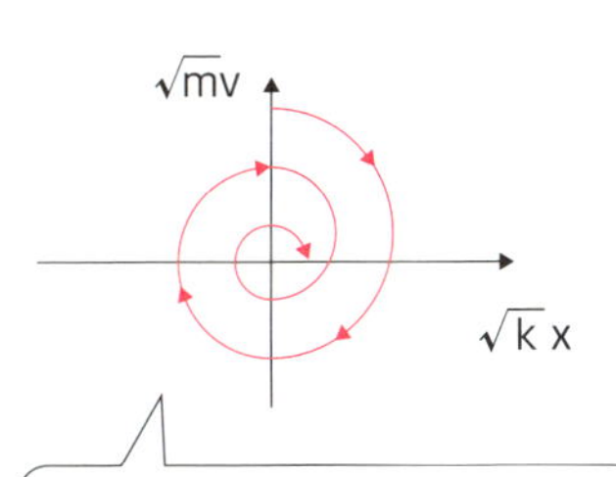

時間と共にらせんが小さくなる
⇒力学的エネルギーが０になる

45 ダンパによる速度変化を方程式で理解する

粘性抵抗の効果

本節では、粘性抵抗を利用したダンパによって、どのように運動が変化するのか、運動方程式を立てて考えていきましょう。

例として、ドアクローザを単純化したモデルを考えます。ドアクローザは、ドアの上部に折りたたまれて取り付けられているパーツです。ドアが「バタン！」と急激に閉まってしまうことを防ぐために取り付けられています。実際は多機能なパーツですが、ここでは単純に粘性抵抗を持つパーツとみなします。

図2では、質量M［kg］のドアに、1rad/sあたりc［N・m］のトルクを発生する粘性減衰係数c［N・m・s/rad］のドアクローザが取り付けられています。

最初にドアを閉めようとしてω_0［rad/s］の初期角速度をドアに与えて手を離すと、その後ドアの角速度はどのように変化するでしょうか。ドアの幅はL［m］とします。

ドアの回転軸まわりの慣性モーメントは$1/3ML^2$［kg・m²］で、回転角速度をω［rad/s］とすると運動方程式は①のようになります。①の上式右辺は角速度に比例する粘性抵抗がドアの回転を妨げるトルクを表し、①の下式は時刻0sにおける初期角速度です。

この二つの式を解くと指数関数「e（イクスポーネンシャル）」を含んだ②を得ます。詳細は49で説明しますが、②が①を満たすことは次のように確認できます。

②を微分すると③式となり、③と②を①に代入すると、確かに等号が成り立ちます。すなわち、②がドアの回転運動の式になっていることが分かります。

②が表す角速度の時間変化をグラフに表すと、最初は勢いよくドアが閉まっていきますが、徐々に減速して、ゆっくりとドアが閉まっていくことが分かります。もし粘性抵抗がなければω_0のままです。これが粘性抵抗の効果です。

- ●ダンパによって速度は時間と共に小さくなる
- ●速度の関数はイクスポーネンシャル曲線を描く

図1　ドアクローザ

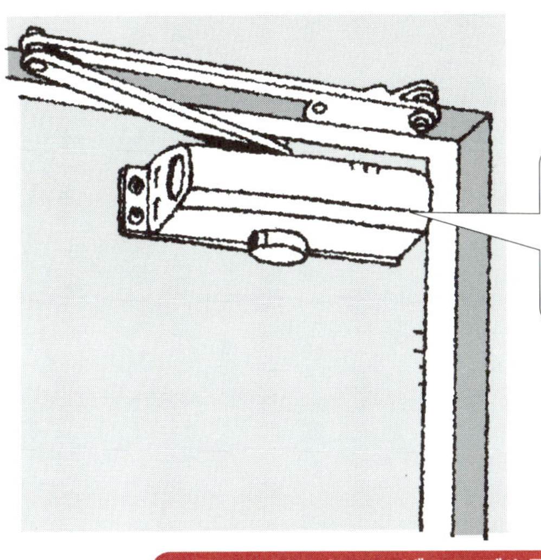

図2　ドアクローザのモデル図

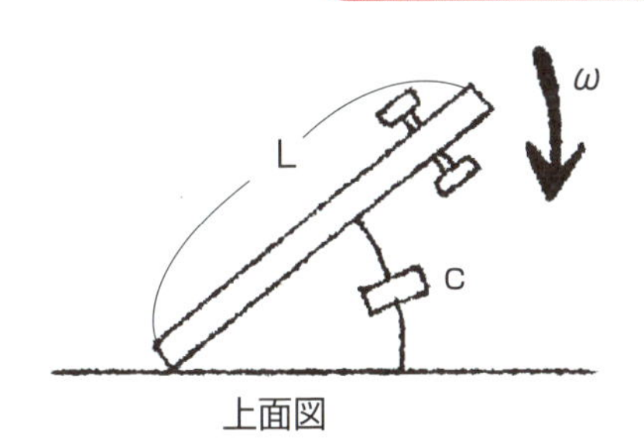

M：ドアの質量［kg］
c：粘性減衰係数［N･S/m］
L：ドアの長さ［m］
ω：ドアの角速度［rad/s］
t：時間［s］

図3　角速度の変化

$$\begin{cases} \frac{1}{3}mL^2\dot{\omega}(t) = -c\omega(t) \\ \omega(0) = \omega_0 \end{cases} \cdots①$$

（解）　$\omega(t) = \omega_0 e^{-\frac{3C}{ML^2}t}$ …②

② の微分 $\dot{\omega}(t) = -\frac{3c}{ML^2}\omega_0 e^{-\frac{3C}{ML^2}t}$ …③

① に ② と ③ を代入：左辺 $-c\omega_0 e^{-\frac{3C}{ML^2}t}$

右辺 $-c\omega_0 e^{-\frac{3C}{ML^2}t}$

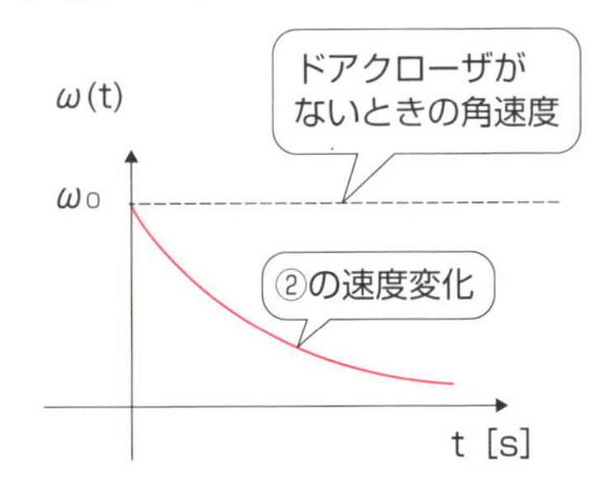

46 摩擦が作用する物体の運動方程式

静摩擦力と動摩擦力

力学的エネルギーの損失の原因の一つとして、摩擦力があります。これは物体と物体が相対的に滑るときに、その滑りを妨げようとする抵抗力です。

摩擦力には、動摩擦力と静摩擦力の二つがあります。前者は物体が相対的に滑っている状態での摩擦力、後者は物体が静止状態から滑り始める瞬間の摩擦力です。摩擦にはアモントン・クーロンの法則という以下の法則が知られています。

(1)摩擦力は垂直荷重に比例する
(2)摩擦力は接触面積には無関係
(3)動摩擦力は滑り速度には無関係
(4)最大静摩擦力は動摩擦力より大きい

(1)と(2)は、図1で示されます。特に、(1)は物体間の垂直荷重(力)W[N]に比例して、

$F=\mu W$ …①

で摩擦力F[N]が発生することを意味します。ここでμは無次元の係数で「摩擦係数」と呼びます。

(3)と(4)は、相対速度が0近傍のときに摩擦力が大きく、それ以外では一定の摩擦力になることを意味します(図2)。横から力を加えて滑らせようとしてもなかなか滑り出しませんが、ある閾値Fs_{max}[N]（最大静摩擦力)を超えるといきなりスルッと滑り出し、その後は小さな力でも滑り続けることは日常でも経験しているはずです。

これらの現象を運動方程式で表します。図3において、fは物体に印加する力[N]、F_sは静摩擦力[N]、Fdは動摩擦力です。滑り出すまでは②で表され、右辺は0となります。これは印加力と静摩擦力がつり合って合力が0となっている状態です。このとき物体は運動しません。一旦、f＞Fs_{max}となると急に物体は動き出して、運動方程式は③で表されます。印加力から動摩擦力を引いたものが物体に加速度を生じさせます。注意すべき点は、静摩擦力は0～Fs_{max}まで、印加する力fに応じて変化することです。

要点BOX
●摩擦はアモントン・クーロンの法則に従う
●物体が止まっているときと動いているときとでは、運動方程式が異なる

図１摩擦力の性質

（1）$F=\mu W$ …①　　μ：摩擦係数　　（2）摩擦力は面積に無関係

図２　摩擦力の速度依存性

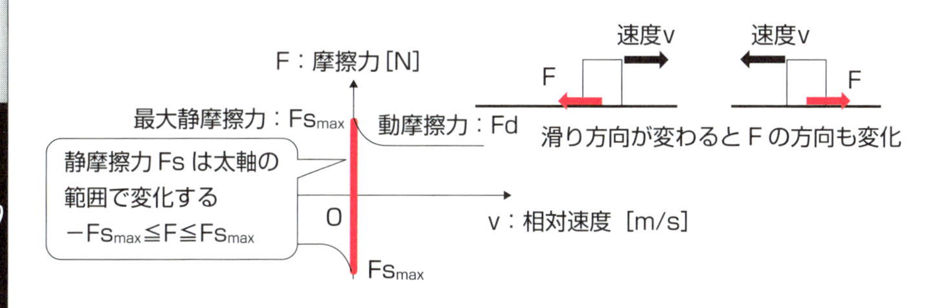

図３　摩擦力を考慮した運動方程式

x

f　m

Fd, Fs

f：印加力 ［N］
Fs：静摩擦力 ［N］
Fd：動摩擦力 ［N］
x：物体の位置 ［m］
m：物体の質量 ［kg］

$m\ddot{x}(t) = f - Fs = 0$ …②　物体が動き出すまで（$f < Fs_{max}$）
$m\ddot{x}(t) = f - Fd$ …③　物体が動き出してから（$f > Fd$）

47 ウォームギアの回転が一方向のみである理由

摩擦抵抗の大きいギアの性質

ギア（歯車）の多くはどちらの軸を駆動側にしても動きますが、本節で取り上げるウォームギアの多くは、駆動の軸を変えると全く動かなくなります。その理由を摩擦や滑りの視点から説明しましょう。

ウォームギアは図1の機構からなり、円筒状の部品をウォーム、円盤状の部品をウォームホイールと呼びます。ウォームを回転させるとねじ山が進み、ウォームホイールの歯が押し出されてホイールが回転するという仕組みです。

回転しながら押し出すという構造のため、そこに大きな滑りが発生します。言い換えると、滑らせることができなければウォームギアは回転しません。

8の図2をもう一度見てください。AB2枚の板の間で摩擦力が働く場合、ABどちらから押しても、対向する板もそれぞれ動くのでしょうか？　動くとすれば、その条件を求めてみましょう。

図2においてF[N]でBがAに力を加えるとき、その滑り方向の力は、

$F\sin\theta$ [N]　…①

となります。一方、この滑りを妨げる方向に最大、

$\mu F\cos\theta$ [N]　…②

の摩擦力が働きます。したがって、①>②のときには物体は滑りますが、そうでなければ摩擦力により滑りません。この境界をμとθで表現した式が③です。最大静止摩擦係数μ_sが物体や環境によって決まると、おのずと滑りの限界角度（摩擦角）θ_sも4のように決まります。力の方向がθ_sの中にあると、滑りの力は摩擦力に勝てません。

図3の拡大図では、AがBを押す力F_aはθ_sの範囲から出ているので、AがBを押し滑らすことは可能です。しかし、BがAを押す力F_bはθ_sの中に入っているので、Bからはどれほど強い力で押してもAは動きません。ウォームギアも同様の原理でウォーム側からしかギアを回せないのです。

要点BOX

- ●ウォームギアはギア比を大きくとれて便利
- ●滑り摩擦により効率が悪く、ウォーム側からしか回せない

図1　ウォームホイールの概略図

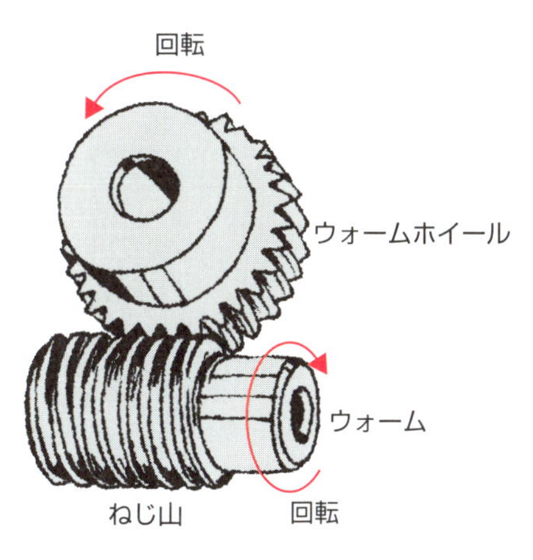

ウォーム 1 回転で 1 ねじ山分
＝1リード分＝ホイール 1 歯分
接触部が移動

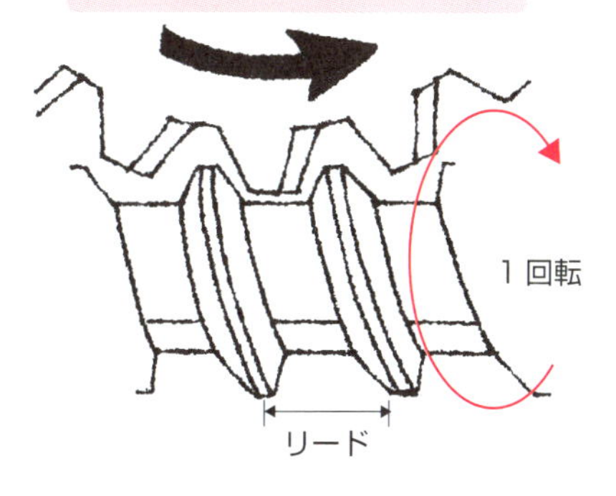

図2　物体が滑る条件

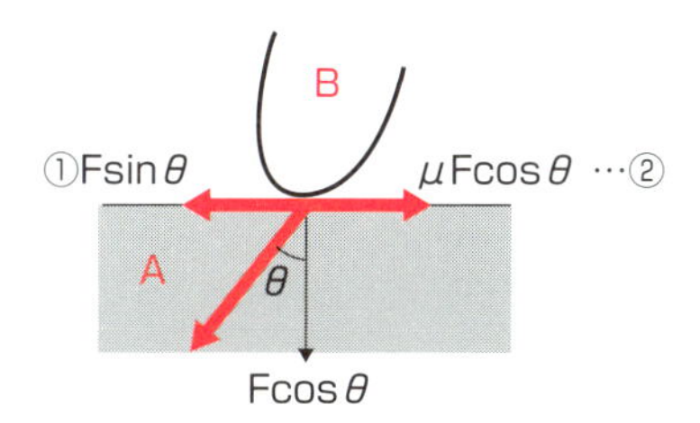

$F\sin\theta = \mu F\cos\theta$ …③

$\mu = \tan\theta$

したがって摩擦角$\theta s = \mathrm{Tan}^{-1}\mu_s$ …④

図3　2枚の板にかかる力の分解

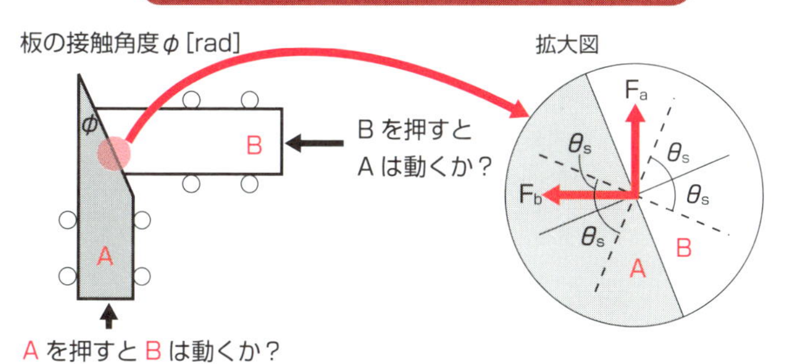

48 斜面上を滑らず転がる円板の摩擦係数を求める

タイヤに必要な摩擦係数を考える

角度φ[rad]の斜面上に質量M[kg]、半径r[m]の円柱状の剛体を置いたとします。このとき、物体と斜面の摩擦により、物体の挙動は次の3つに分かれます(図1)。

(1)物体は回転することなく斜面を滑る
(2)物体は回転しながら滑る
(3)物体は滑ることなく回転する

(1)が想定するのは摩擦が全くない場合ですが、一般の機械ではほぼ起こりません。(3)はある程度以上の摩擦が存在する場合ですが、そのときの運動方程式と摩擦係数の条件を求めてみましょう。

円柱の重心(中心)には重力Mg[N]が作用し、それは斜面に平行な力と垂直な力に分解できます。

一方、台と円柱の接触点には円柱を滑らせまいとする摩擦力Fs[N]が作用します。円柱の中心座標としてxを取り、その方向だけの力を取り出すと図2左のように表せます。すると、滑らせようとする力mgsinφとそれを妨げる力Fsとの差分が円柱を加速する力だと考えられ、運動方程式①を得ます。

一方、円柱の回転角度θ[rad]に着目すると、図2右のようになり、Fsによるトルクが慣性モーメントI＝1/2Mr^{2}の物体の回転を加速すると考えて、運動方程式②を得ます。さらに、滑らなければ回転角度θと中心座標xとの関係③も成り立ちます。①に③を代入し、②と合わせてFsを消去すると、円柱の回転の運動方程式④を得ることができます。

さらに、②に④を代入するとFsとして⑤を得ますが、これは摩擦力がこの大きさに足りなければ「滑りを妨げることができない」ことを意味します。

結局、摩擦Fsと垂直荷重の式⑥から、滑らない摩擦係数の条件は⑦で、そのとき(3)の状態になります。ちなみに円板の中心座標の速度は(1)＞(2)＞(3)の順となります。これは同じ運動エネルギーの中で回転のエネルギーにより多く配分されていくからです。

要点BOX
●滑らずに回転する摩擦係数の条件
●全運動エネルギー＝直線運動のエネルギー＋回転運動のエネルギー

図1　斜面と物体の配置図

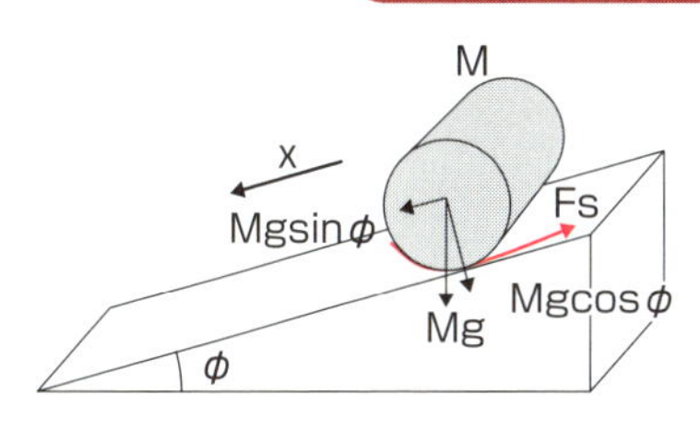

M：物体の質量［kg］
φ：斜面の角度［rad］
Fs：摩擦力［N］
x：物体の移動量［m］

図2　直線系と回転系のモデル図と運動方程式

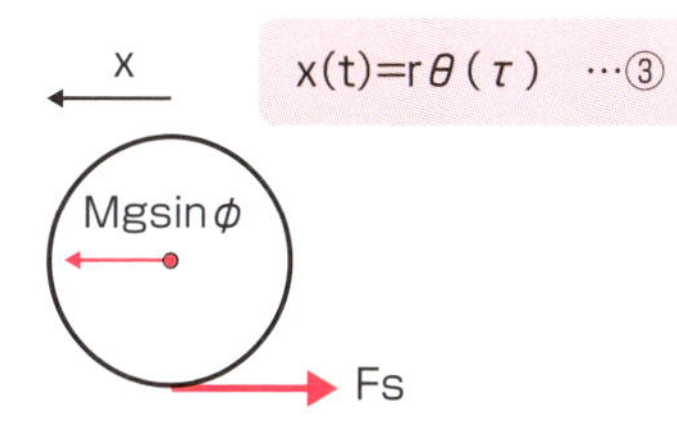

$x(t)=r\theta(\tau)$ …③

θ
r
Fs

θ：回転角度［rad］
r：物体の半径

$M\ddot{x}(t) = Mg\sin\phi - Fs$ …①

$\frac{1}{2}Mr2\ddot{\theta}(t) = rFs$ …②

③を代入して、$Mr\ddot{\theta}(t) = Mg\sin\phi - Fs$

r で割って、$\frac{1}{2}Mr\ddot{\theta}(t) = Fs$

$\rightarrow \frac{3}{2}Mr\ddot{\theta}(t) = Mg\sin\phi$

したがって、$\ddot{\theta}(t) = \frac{3}{2}\cdot\frac{g}{r}\cdot\sin\phi$ …④

図2の②に④を代入すると滑らない条件は、$Fs \geqq \frac{1}{3}Mg\sin\phi$ …⑤

$Fs = \mu Mg\cos\phi$ …⑥

$\mu \geqq \frac{1}{3}\tan\phi$ …⑦

図3　運動エネルギーの関係性

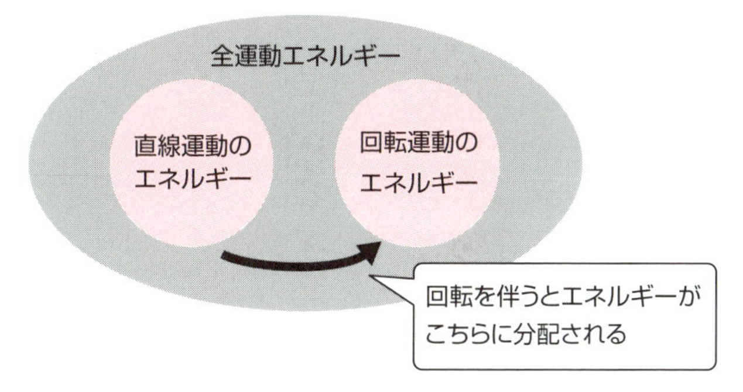

Column

エネルギーと運動量の保存則

力学の保存法則には、本書で紹介した「運動量保存則」や「力学的エネルギー保存則」があります。前者が成り立つからといって、後者も成り立つわけではありません。

例えば31のスケートの例では、角運動量は保存されるものの、回転の運動エネルギー $I\omega^2$ は、手を広げているときと手をすぼめたときでは異なります。なぜそのようなことが起こるのでしょうか。

理由は、手をすぼめるためにスケーターが仕事をしたからです。手を広げて回っている状態から手をすぼめるとき、遠心力に抗して手をすぼめる力が必要です。この「すぼめる力×すぼめた距離」が外部から回転体に与えた仕事＝エネルギーになります。スケーターが仕事をした分、運動エネルギーが増加したのです。

「力学的エネルギー」はポテンシャルエネルギーと運動エネルギーの和」ですが、ポテンシャルエネルギーの扱いは注意が必要です。

よく、バネでつり下げた質点を例に「弾性によるポテンシャルエネルギーと運動エネルギーの和は同じ」と言われます。しかし、これは、重力のポテンシャルエネルギーを無視しているので間違いです。誤謬の原因は「バネの自然長の位置を基準とする」という原則を忘れたことにあります。

弾性エネルギーだけを考えると、ばねの最下点の弾性エネルギーより、最上点の弾性エネルギーの方が小さいはずです。なぜならば、バネは重力分、より下方に伸びているので、その分弾性エネルギーは上方の弾性エネルギーより大きくなっています。すなわち図のような関係が成り立ち、最下点と最上点のポテンシャルエネルギーは等しくなっているはずだからです。

最下点の弾性エネルギー（大）＋
最下点の重力によるポテンシャルエネルギー（小）

＝

最上点の弾性エネルギー（小）＋
最上点の重力によるポテンシャルエネルギー（大）

最下点：バネが伸びきっている状態
最上点：バネが縮みきっている状態

第6章

振動を引き起こす 機械要素の力学

49 機械力学で使われる代表的な微分方程式

イクスポーネンシャル関数とその仲間

機械の正しい挙動を考えるには、どうしても微分方程式の知識が必要です。そこで本節では、機械力学で頻出するいくつかの微分方程式を紹介します。

まず、重要な役割を果たすのが、

$x(t)=e^{t}$…①

で表されるイクスポーネンシャル関数です。eはネイピア数と呼ばれ、e＝2.718…と無限に続く無理数です。この関数をグラフにしたものが図1上です。最大の特徴は、その微分、すなわちグラフの傾きがそれ自身x(t)になるということです（図1下）。

イクスポーネンシャル関数の仲間で、

$x(t)=ce^{-at}$…②　$(a>0)$

という関数が、機械工学・振動工学で頻繁に出てきます。この関数のグラフ（図2上）では、t＝0のときの値は$x(0)=ce^{0}=C$で、tの増加とともにx(t)の値は減少し、時刻∞で$x(\infty)=0$となります。

その微分（傾き）は③、つまり自分自身に指数の部分を掛け合わせたものになります。この特徴から、微分方程式④を満たす関数は②そのものになります。

④は微分が1つだけなので1階微分方程式と呼ばれますが、機械工学では1階微分方程式の多くが、それを満たす関数として②の形をとります。

もう一つ重要な微分方程式が、2回の微分をしている⑤の2階微分方程式と初期値の組み合わせです。⑤を満たす関数が、

$x(t)=c/\omega \sin\omega t$…⑥

で与えられることは、⑤に⑥を代入すると成立することから分かります。ここでωtの値が0、π、2π…のときにsinの値が0になるので、t＝0, π/ω, 2π/ω…でxの値は0になります。また、ωtの値がπ/2、3π/2、5π/2…でxの値が最大、または最小になります。このグラフを図3に示します。このように機械工学で使用される2階微分方程式を満たす関数の多くは三角関数の形をとります。

●微分が一つの方程式の解はイクスポーネンシャル関数
●微分が二つの方程式の解は三角関数

図1　イクスポーネンシャル関数のグラフ（$x=e^t$ の傾きは $\dot{x}=e^t$）

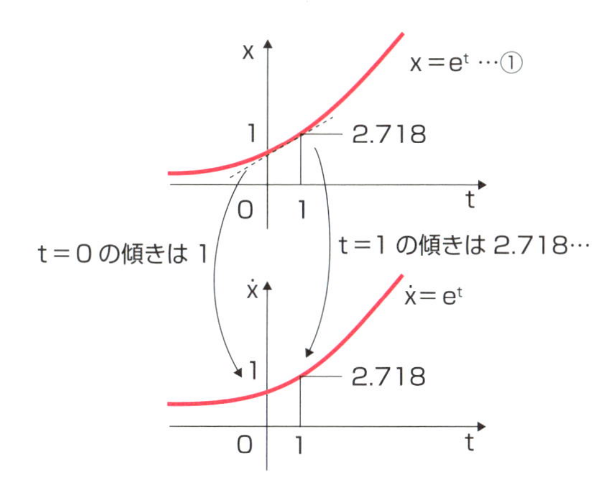

図2　$x = ce^{-at}$ のグラフ

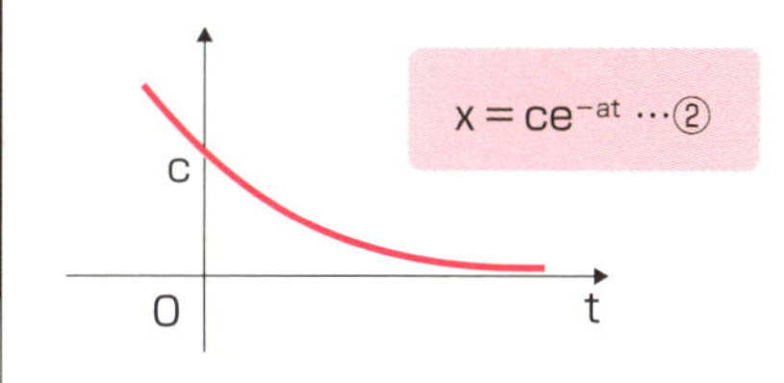

$x = ce^{-at}$ …②

$\dot{x}(t) = -ace^{-at}$

$\quad = -ax(t)$ …③

微分方程式を満たす関数は　$\dot{x}(t) = -ax(t)$ …④

$\dot{x}(t) = ce^{-at}$

図3　$x(t) = c/\omega \sin(\omega t)$ のグラフ

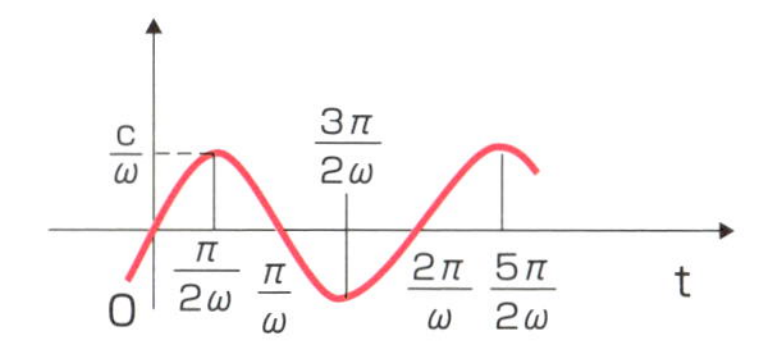

⑤ $\begin{cases} \ddot{x}(t) = -\omega^2 x(t) & \text{微分方程式} \\ \dot{x}(0) = c,\ x(0) = 0 & \text{初期条件} \end{cases}$

⑤を満たす関数は $x(t) = \dfrac{c}{\omega}\sin(\omega t)$ …⑥

$\dot{x}(t) = c\cos(\omega t)$ → $\dot{x}(0) = c$ を満たす

$\ddot{x}(t) = -c\omega\sin(\omega t)$

したがって、確かに⑤を満たす

50 振動を引き起こす振動モデルと運動方程式

バネ・マス・ダンパモデル

機構の設計時、設計者がまず気にするのは、機械の「寸法」「強度」「コスト」です。残念ながら機械の機能や性能が振動によってどのように影響を受けるのかを検討・対策するのは、その後の電気やソフトなどに任されている場合がほとんどです。

しかし、制御によっていくら対策をしたところで、もともと力学的に筋の悪い設計であれば限界があります。そこで本章では、より良い機械を実現するために、機械力学の観点から機構と振動のモデルについて解説をしていきます。

まず、典型的な振動モデルを図1に示します。バネ（バネ定数k[N/㎜]）、質量（マスm[kg]）、ダンパ（粘性減衰抵抗係数c[N・s/㎜]）を組み合わせたものです。バネ・マス・ダンパモデルと言います。

ここでは小型機械のサイズを想定して、長さの単位をミリメートル[㎜]にしています。バネの根元はサーボモータなどの駆動源で、位置や速度が制御されています。このとき、駆動源の位置xと機械先端の位置yとの関係は、①の運動方程式で表されます。

式②は式①を書き換えたものです。②では、物体を正に加速する力（左辺）は、バネの押し込み量に由来する推進力（右辺第2項）から、ダンパによる抵抗力を引いたもの（右辺第1項）として理解できます。もし、粘性抵抗がなければ、c＝0として運動方程式は③に単純化されます。

では、時刻t＝0以前、yもxも原点に静止していたとして、時刻t＝0にxのみが瞬間的に1㎜移動したとすれば、その後yはどのような挙動を示すでしょうか。微分方程式と初期条件は④で与えられ、それを満たす関数は⑤となります。そのときのグラフを図2に示します。これは、時刻0に1㎜分押し込まれたので、言わばそこをつり合いの位置として、先端がプラスマイナス（＋－）1㎜分振動し続けることを意味します。

●バネ・マス・ダンパモデルは典型的な振動モデル
●微分方程式と初期条件を満たす関数が物体の挙動を表す

図1　バネ・マス・ダンパモデル

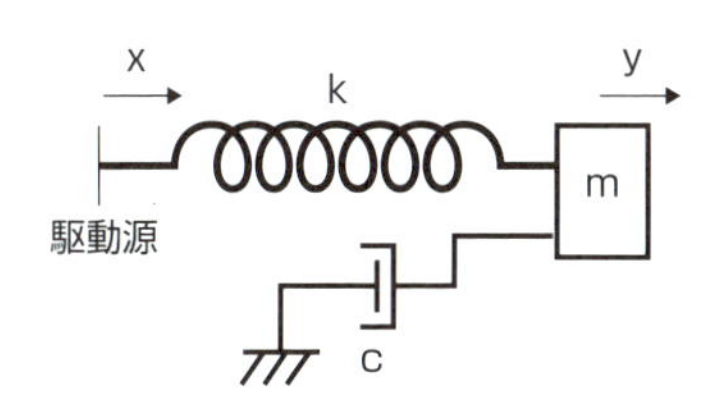

x：駆動現の位置［mm］
y：機械先端の位置［mm］
k：バネ定数［N/mm］
m：物体の質量［kg］
c：粘性減衰係数［N·s/mm］

振動モデルの運動方程式　$m\ddot{y}(t) + c\dot{y}(t) + k(y(t) - x(t)) = 0$ …①

$m\ddot{y}(t) = -\dot{y}(t) + k(x(t) - y(t))$ …②

粘性減衰抵抗のない場合　$m\ddot{y}(t) + ky(t) = kx(t)$ …③

時刻0に $x(t)$ が1mm移動した場合

④
$$\begin{cases} m\ddot{y}(t) + ky(t) = k & \text{微分方程式} \\ \dot{y}(0) = 0、y(0) = 0 & \text{初期条件} \end{cases}$$

満たす関数　$y(t) = 1 - \cos\left(\sqrt{\frac{k}{m}}\, t\right)$ …⑤

$\dot{y}(t) = \sqrt{\frac{k}{m}} \cdot \sin\left(\sqrt{\frac{k}{m}}\, t\right) \rightarrow \dot{y}(0) = 0$ を満たす

$\ddot{y}(t) = \frac{k}{m} \cos\left(\sqrt{\frac{k}{m}}\, t\right)$

確かに④を満たす。

図2　ダンパがないときの挙動の例

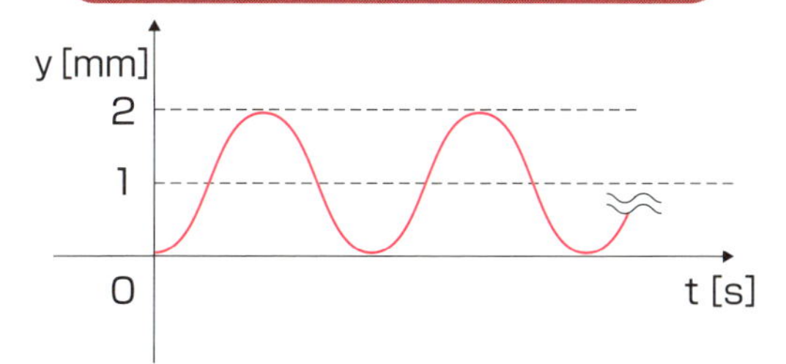

51 エネルギーの変換に必要な時間が振動周期

位置エネルギーと運動エネルギーの変換

粘性減衰係数cが0のバネ・マスモデルでは、振動の周期はどのように決定されるのでしょうか。それは、運動エネルギーとポテンシャルエネルギーが交互に変換し合うために必要な時間です。

図1右のように物体が$-x_{max}$[mm]から$+x_{max}$[mm]の間で振動している状況を考えます。このとき、ポテンシャルエネルギーが最大となるのは力学的エネルギーの全てがポテンシャルエネルギーとなっている図のaやeの点で、$1/2kx_{max}^2$[J]です。

一方、運動エネルギーが最大となるのはポテンシャルエネルギーが0となっているcやfの点で、このときの速度を$+v_{max}$[mm/s]、$-v_{max}$[mm/s]とすると、運動エネルギーは$1/2mv_{max}^2$[J]となります。エネルギーの損失がなければこの2つは同じはずなので、

$$1/2kx_{max}^2 = 1/2mv_{max}^2$$

となり、①の関係を得ます。

ここでは「物体の振動とは回転運動の投影である」と考えます。時間の流れは一方通行です。行きつ戻りつしているように見えても、運動は本来、時間と共に後戻りすることなく一方向に進展しています。その一方向の運動が回転運動であると考えるのです。

回転運動を横から見ると確かに往復運動に見えます。図1左において、半径x_{max}の回転の周の長さは$2\pi x_{max}$です。これが横から見て最大速度に見えるcやfの点のスピードv_{max}で回っているので、1回転に$2\pi x_{max}/v_{max}$ [s]かかります。①の関係式を代入すると、1回転の周期、

$$Tn[s] = 2\pi\sqrt{m/k} \quad \cdots②$$

を得ます。50の⑤において、cos関数の角度の項$\sqrt{k/m}\,t$を考えると、角度が0～2π[rad]に変化する時間(1周期)は、確かに、

$$Tn=2\pi\sqrt{m/k} \quad \cdots③$$

となります。

要点BOX

- 振動の周期とは、エネルギーの変換に必要な時間
- バネ・マスモデルの周期は$2\pi\sqrt{m/k}$ 秒

図１　振動とエネルギーの変換

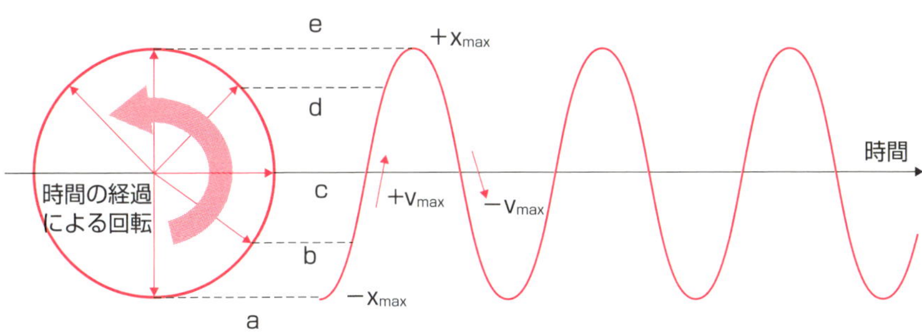

ポテンシャルエネルギー　$\frac{1}{2}kx^2_{max}$

||

運動エネルギー　$\frac{1}{2}v^2_{max}$

したがって、$\frac{x_{max}}{v_{max}} = \frac{m}{k}$ …①

1 回転の時間 $Tn=2\pi\frac{x_{max}}{v_{max}} =2\pi\sqrt{\frac{m}{k}}$ …②

$\cos\left(\sqrt{\frac{k}{m}}t\right)$ において、$\sqrt{\frac{k}{m}}t =2\pi$

したがって、$t=2\pi\sqrt{\frac{m}{k}}$ …③

52 複数のバネがある場合の合成の変化

バネ定数の合成

複数のバネがつながった場合、合成されたバネ定数はどのようになるでしょうか。

図1左のように並列結合されたバネの場合は単純で、それぞれのバネ定数を足したk_1+k_2[N/㎜]になります。1㎜縮めたとき、バネの発揮する力がk_1[N]+k_2[N]になることから分かります。

では、図1右のように直列結合されている場合はどうでしょうか。答えは$k_1k_2/(k_1+k_2)$[N/㎜]になります。「積/和」と覚えておくとよいでしょう。

この理由を図2に示します。2つのバネが縮んでつり合っていると考えると、反発力f_1[N]とf_2[N]は同じはずです。それぞれの縮み量をx_1[㎜]、x_2[㎜]と考えると、発揮する力が等しいことから①を得ます。

このとき総縮み量は②で与えられます。反発力がk_1x_1で縮みが②なので、割り算をすると合成されたバネ定数③を得ます。

では、図3のように物体の両側からバネで引っ張られている場合、この物体に対するバネ定数は並列、直列どちらの扱いになるでしょうか。

つり合いの位置で停止している状態から、仮に左に1㎜ずれたとします。このとき、物体には左のバネから右へ押し戻そうというk_1[N]の力が働きます。また、右のバネからは左へ押し戻そうというk_2[N]の力が働きます。合計するとk_1+k_2[N]の復元力が働くので、バネ定数はk_1+k_2、つまり並列結合と考えられます。

一方、ねじり剛性を持つ回転系についてもフックの法則は適用されます。回転系の場合は、図4のように物体をひねるとシャフトにねじれが生じ、それを戻そうとするトルクが物体に作用するので、物体の回転運動としての振動が発生します。これをねじり振動と呼びます。

この場合、バネ定数の単位は1radあたりのトルクで[N･m/rad]になります。

要点BOX

- ●バネの直列･並列結合のバネ定数
- ●ねじり振動:バネ定数の単位は1radあたり発生するトルクで[N･m/rad]

図１　バネ定数の合成

並列結合

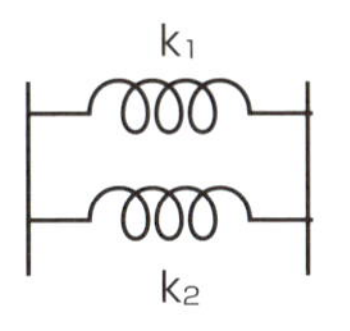

合成バネ定数 k_1+k_2

直列結合

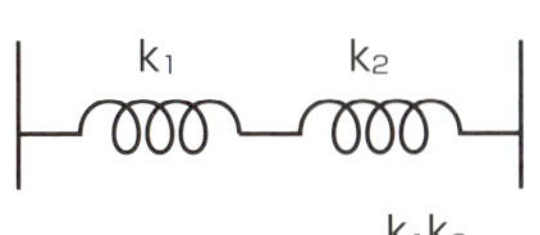

合成バネ定数 $\dfrac{k_1k_2}{k_1+k_2}$

k_1、k_2：バネ定数［N/mm］

図２　直列結合の合成バネ定数

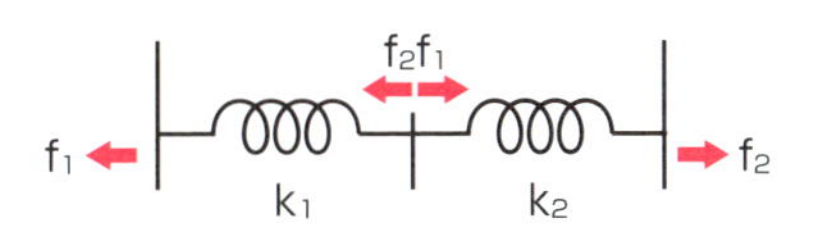

力のつり合い $f_1 = k_1x_1 = k_2x_2 = f_2$　　x_1、x_2：縮み量 [mm]

したがって、$x_2 = \dfrac{k_1}{k_2}x_1$ …①

総縮み量　$x_1+x_2 = x_1 + \dfrac{k_1}{k_2}x_1$

$= x_1\left(1+\dfrac{k_1}{k_2}\right)$…②

反発力　$f_1 = k_1x_1$

$$\text{バネ定数}=\frac{\text{反発力}}{\text{総縮み量}} = \frac{x_1k_1}{x_1\left(1+\frac{k_1}{k_2}\right)} = \frac{k_1k_2}{k_1+k_2}$$

図３　直列に見えても並列結合

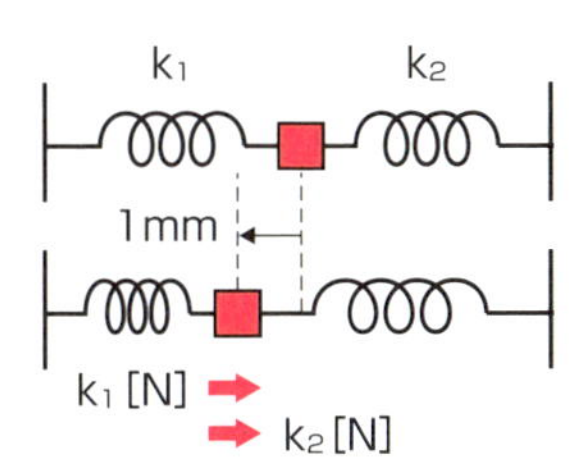

図４　回転体の振動

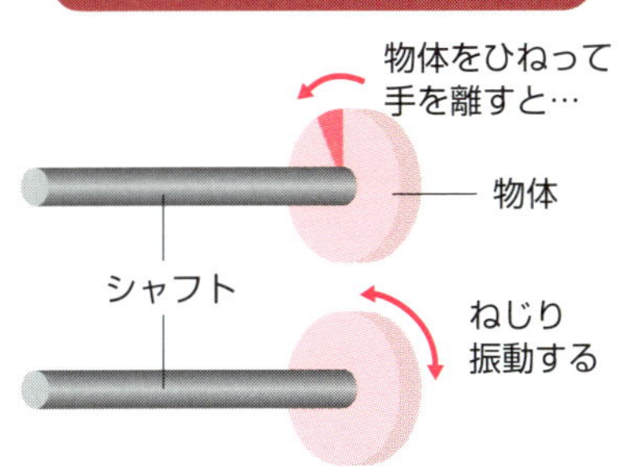

53 自動車のシャフトのねじり剛性と振動の関係

パーツの剛性とねじれ振動

本項では、振動の簡易モデルを自動車の例で解説していきましょう。

ピストン・クランクによって作られた回転運動は、さまざまなギアやシャフトを経て、最終的にタイヤで直線運動に変換されます。

それらのシャフトの中でも比較的剛性が弱く、ねじれやすいのが27で紹介したアスクルシャフトです。一方、タイヤにとって、車体重量は慣性モーメント(回転しにくさ)として作用することを35で説明しました。駆動系のアスクルシャフト以降を図1左のように簡略化することができます。

時刻0[s]からシャフトの根元をω_0[rad/s]で定速回転させたとき、果たしてタイヤはどのようなねじり振動を起こすでしょうか。

モデル図を図1右に示します。シャフトの根元から見たタイヤの回転角(シャフトのねじれ角)をθ(t)[rad]とし、シャフトがk[N・m/rad]のバネ定数を持っているとすると、ねじれによるトルク$k\theta(t)$が慣性モーメントMr^2[kg・m²]を加速すると考えて、運動方程式と初期条件を①で表わすことができます(図では直線系のように記載されていますが、実際は回転系です)。

時刻0からシャフトをω_0[rad/s]で回転させるとは、この図でシャフトの根元をタイヤにω_0で近づけることを意味します。これは、根元から見ればタイヤがω_0で近づいてくる、すなわち、タイヤは負方向にω_0の初期角速度を持っていることに相当します。したがって、①を満たす関数は49の⑥の反対符号の関数となり、53の②を得ます。これがシャフト根元から見たタイヤの振動角度です。

図2にある車種のパラメータを用いて振動をシミュレーションしたグラフを示します。実際はこれほど振動することはありませんが、自動車の剛性は思うほど高くないのです。

要点BOX

- シャフトの剛性と初期角速度から振動角度を導出
- 振動はパフォーマンスの悪化につながる

図1 移動のモデル図

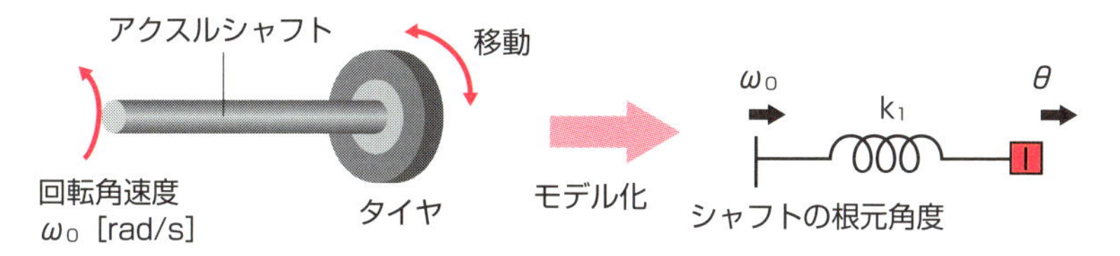

θ：根元から見たタイヤ角度［rad］
k：バネ定数［N・m/rad］
I：慣性モーメント［kg・m²］

① $\begin{cases} Mr^2\ddot{\theta}(t) = -k\theta(t) & \text{運動方程式} \\ \dot{\theta}(t) = -\omega_0,\ \theta(t) = 0 & \text{初期条件} \end{cases}$

M：車体質量［kg］
r：タイヤ半径［m］
ω_0：初期角速度［rad/s］

満たす関数 $\theta(t) = -\omega_0 r\sqrt{\frac{M}{k}}\sin\left(\frac{1}{r}\sqrt{\frac{k}{M}}t\right)$ …②

$\dot{\theta}(t) = -\omega_0\cos\left(\frac{1}{r}\sqrt{\frac{k}{M}}t\right) \rightarrow \dot{\theta}(0) = -\omega_0$ を満たす。

$\ddot{\theta}(t) = \omega_0\frac{1}{r}\sqrt{\frac{k}{M}}\sin\left(\frac{1}{r}\sqrt{\frac{k}{M}}t\right)$

確かに①を満たす

図2　ある自動車の振動特性

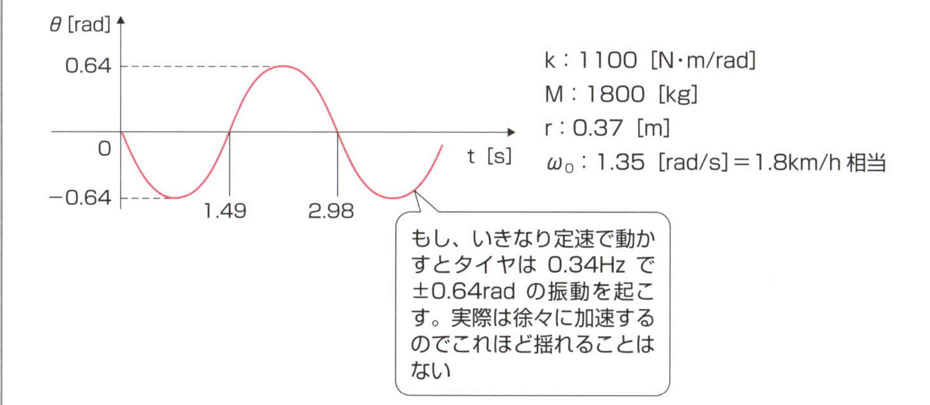

54 タイミングベルトの伸びと振動

インクジェット搬送機構の色むら

物体の搬送に使われる送り機構では、モータの回転をベルトなど柔軟機構を用いて直動に変換している例が多く見られます。しかし、ベルトの剛性は比較的低く、振動が起きやすいため注意が必要です。

ベルト搬送機構の概要を図1に示します。左図では物体は駆動側のプーリに近い位置に、右図では従動側にあります。

図2は、これをモデル化したものです。駆動側のプーリを固定端と考えて、図1のA点が図2のA点に、図1のB点が図2のB点に対応すると考えます。実際は従動側プーリで折れ曲がっていますが、プーリの慣性モーメントは十分小さく、力の方向を変えるだけで運動には影響しないものと考えると、このように直線図で表すことができます。

ベルトの剛性は長さに応じて変化します。1mの長さのベルトのバネ定数がK[N/㎜]であったとすると、2mのベルトではK/2[N/㎜]になります。一般的には、ベルトの長さLに反比例して、

k＝K/L …①

となります。さらに、52で説明したように、機構全体のバネ定数は両側のバネ定数の足し算となります。以上をまとめて図2のパラメータを用いると、図2左の全体のバネ定数は100N/㎜、右のバネ定数は36N/㎜となります。このときの運動方程式を②と③に示します。

このプーリを時刻0から一定速で回転させたときの振動の関数を53を参考にして求めると図3のようになります。物体の位置に応じて、振動の大きさや周期が変化することが分かります。

もし、この機構がインクジェットプリンタで、搬送物体がインクを吹き付けるインクヘッドだとすると、振動によって、吹き付けるインクの量が均一にならないため、大きな色むらが発生してしまいます。こうしたことも機械力学によって解析できるのです。

- ●バネ長によって振動の大きさや周波数が変化する
- ●振動によって色むらなどの問題も起きる

図１　ベルト搬送機構

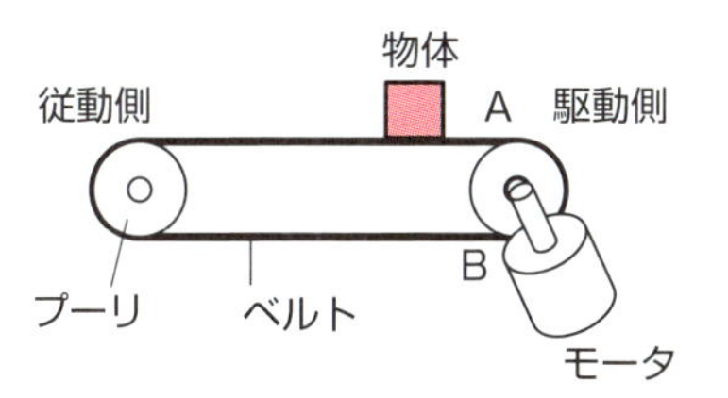

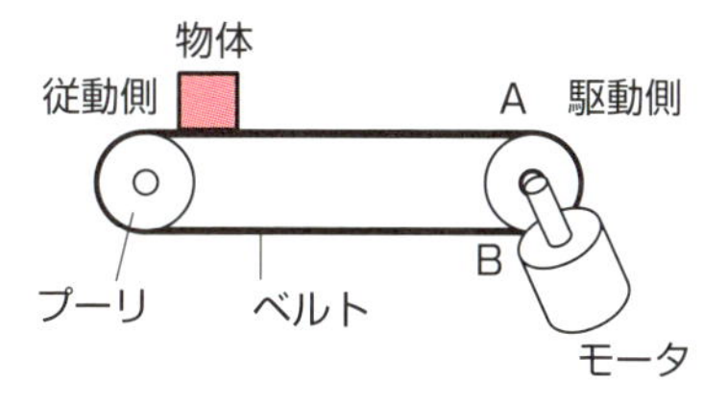

図２　ベルト剛性のモデル図

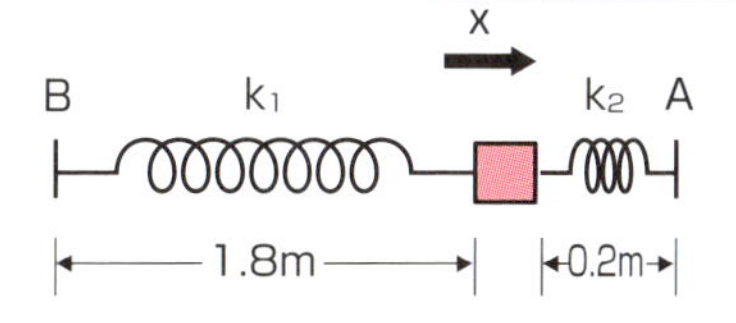

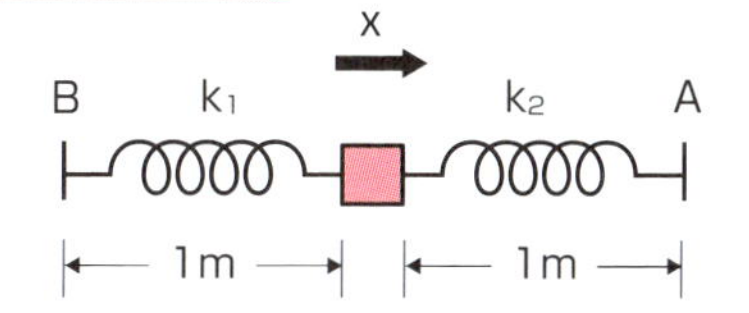

1m あたりのベルトのバネ定数を 18N/mm とすると…

左図	右図
$k_1 = 18/1.8 = 10$ N/mm	$k_1 = k_2 = 18$ N/mm
$k_2 = 18/0.2 = 90$ N/mm	
$k_1 + k_2 = 100$ N/mm	$k_1 + k_2 = 36$ N/mm

左図の運動方程式・初期条件 ②

$$\begin{cases} m\ddot{x}(t) = -100\,x(t) \\ \dot{x}(0) = v_0、x(0) = 0 \end{cases}$$

右図の運動方程式・初期条件 ③

$$\begin{cases} m\ddot{x}(t) = -36\,x(t) \\ \dot{x}(0) = v_0、x(0) = 0 \end{cases}$$

図３　物体の位置による応答の違い

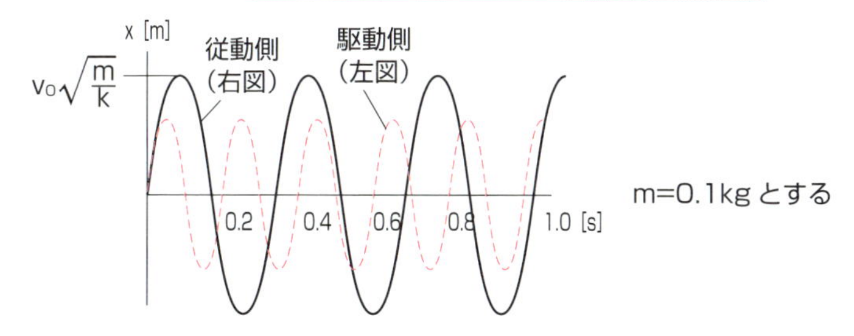

m=0.1kg とする

55 バネ・マス・ダンパモデルと振動の減衰

粘性抵抗がある場合の振動

50で述べたように粘性抵抗のない場合の振動の式は三角関数で表現できます。一方、粘性抵抗がある場合は、どのような関数で、どのような形の振動になるのでしょうか。

図1の式①の運動方程式と初期条件によれば、それを満たす関数の一つが式②で表されます。これは、微分して①に代入することにより確認できます。式②の特徴は、イクスポーネンシャル関数とsin関数が掛け合わさっていることです。

したがって、sinの角度の項$\omega t=\pi/2$、$3\pi/2$、$5\pi/2$…となる点、すなわち$t=\pi/2\omega$、$3\pi/2\omega$、$5\pi/2\omega$において、sinの値は極大値1、もしくは極小値-1となり、その時刻の関数の値は、イクスポーネンシャル関数と同じ値を持つことが分かります。これを図1に示します。ここで②を包絡線と呼び、この曲線内に振動のグラフは収まります。

さらに、このイクスポーネンシャル関数の傾斜はc/mによって決定されるので、c/mの値によって振動のグラフは図2のような変化をします。

$c=0$のときはeの項が効かないので、振動は減衰することなく三角関数で表現できます。c/mが大きくなるにつれて減衰が早く、速やかに0に近づくことが分かります。このことは、cの値が大きいほど散逸エネルギー$1/2cv^2$ [J/s]が大きく、エネルギーの消費が大きいことから理解できます。

しかし、①が成立するのは、

$$\sqrt{k/m} > c/2m > 0 \quad \cdots ②$$

の範囲です。$c/2m$がこの範囲から逸脱するとsinの項の√内が負になり、関数として成立しません。その場合は、粘りが強すぎて振動が起きないので、全く別の関数となります。本書では関数は記述しませんが、そのときのグラフは図3のように振動のない山なりの関数になります。

- ●粘性のある振動はイクスポーネンシャル関数で減衰
- ●粘性が大きいと振動すらしない

図１　粘性抵抗のある振動波形と包絡線

運動方程式
初期条件

$$\begin{cases} m\ddot{x}(t) + c\dot{x}(t) + kx(t) = 0 \\ \dot{x}(0) = v_0、x(0) = 0 \end{cases} \quad \cdots①$$

振動の関数　$x(t) = \frac{v_0}{\omega} e^{-\frac{c}{2m}t} \sin(\omega t) \quad \cdots②$

$$\omega = \sqrt{\frac{k}{m} - \left(\frac{c}{2m}\right)^2}$$

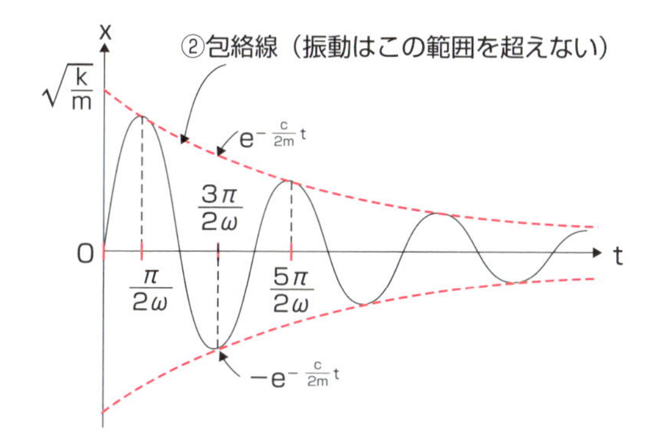

図２　粘性の違いによる波形の変化

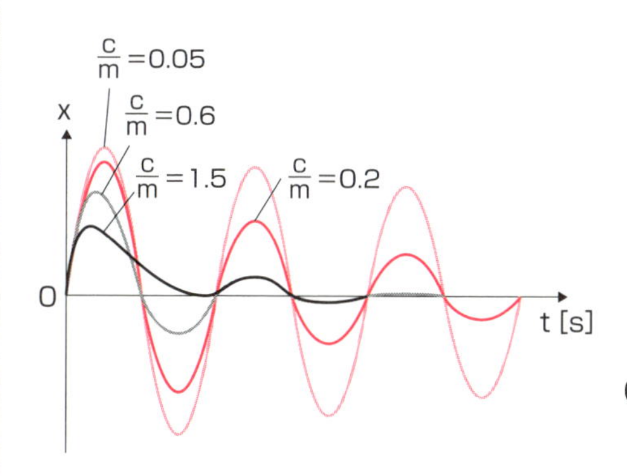

図３　粘性が大きい形の波形

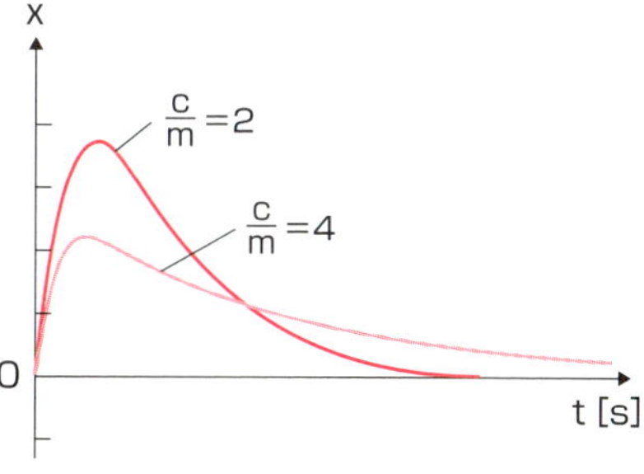

56 振動現象を周波数の目でみる

周波数特性の検証と共振

振動現象は、周波数特性の概念を知ることで理解しやすくなります。周波数特性とは、ある周波数で振動させたときの入出力の比です。

図1の振動モデルは、式①の運動方程式で表されます。このとき、バネの根元を正弦波関数$\sin\omega t$で継続的に揺らし始めます（加振）。すると機械先端も揺れ始め、最終的には、やはりsin関数で揺れ続けることになりますが、そのときの波形はどのくらいの大きさでしょうか。

入力信号を、

$u(t) = \sin\omega t$ …②（周期$2\pi/\omega$ [s]）

出力信号$x(t)$を、

$x(t) = A\sin(\omega t+\phi)$ …③

と仮定します。これを①に代入すると④を得ます。三角形の合成公式より、$x(t)$は⑤で表され、結果、Aとして⑥を得ます。入力信号の大きさが1なので、このAは入力に対する出力信号の大きさの比（ゲイン）を表します。⑥は、機械先端の振幅がωによって変化すること、すなわち加振の周波数によってゲインの大きさが異なることを示します。

ゲインが顕著に大きいのはcが0に近く、

$\omega = \sqrt{k/m}$ …⑦

前後のときです。⑦のときに分母の第1項が0となり、分母が第2項だけになります。

このときのゲインは⑧となり、この状態を「共振」と言い、またωのことを「共振角周波数」と言います。特に、$c = 0$のときに⑧の値は無限大になります。つまり、共振角周波数の振動を加え続けると、出力が無限の大きさの振動に成長してしまうのです。

図2に$m=1, k=1$の場合のゲイン線図を示します。横軸は加振の角周波数[rad/s]です。cの値が小さくなるほど、共振におけるゲインが大きくなることが分かります。また$c = 0$のときはcによらずに$G = 1$となり入力がそのまま出力されます。

- ●振動は周波数や粘性によって大きさが変化する
- ●共振、共振角周波数
- ●$\omega=0$なら1に収束する

図1　加振モデル

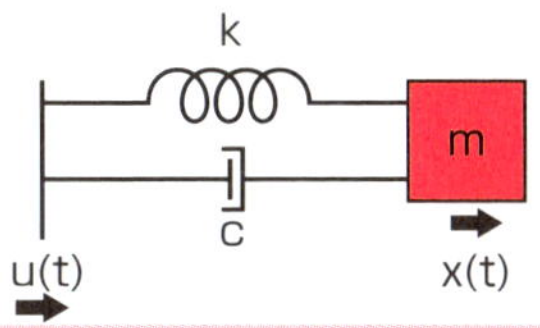

k

m

c

u(t)

x(t)

k：バネ定数［N/m］

m：質量［kg］

c：粘性減衰係数［N·s/m］

運動方程式　$m\ddot{x}(t)+c\dot{x}(t)+kx(t)=ku(x)$　…①

ただし　$u(t)=\sin(\omega t)$ …②

$x(t)=G\sin(\omega t+\phi)$　…③とおく

$\dot{x}(t)=G\omega\cos(\omega t+\phi)$

$\ddot{x}(t)=-G\omega^2\sin(\omega t+\phi)$

よって、$G(k-m\omega^2)\sin(\omega t+\phi)+Gc\omega\cos(\omega t+\phi)=k\sin(\omega t)$　…④

合成公式より、

$\sqrt{G^2(k-m\omega^2)^2+G^2c^2\omega^2}\sin(\omega t+\phi+\varphi)=k\sin(\omega t)$　…⑤

合成公式
$A\sin\theta+B\cos\theta=\sqrt{A^2+B^2}\sin(\theta+\varphi)$
φはAとBをなす角

ここを0とするようにφを決めると両辺ともsinの中はωtとなる

よって、$G\sqrt{(k-m\omega^2)^2+c^2\omega^2}=k$

ゲイン $G=\dfrac{k}{\sqrt{(k-m\omega^2)^2+c^2\omega^2}}$　…⑥

$\omega=\sqrt{\dfrac{k}{m}}$ …⑦のとき、$G=\dfrac{\sqrt{mk}}{c}$　…⑧

図2　cの変化による周波数特性の変化

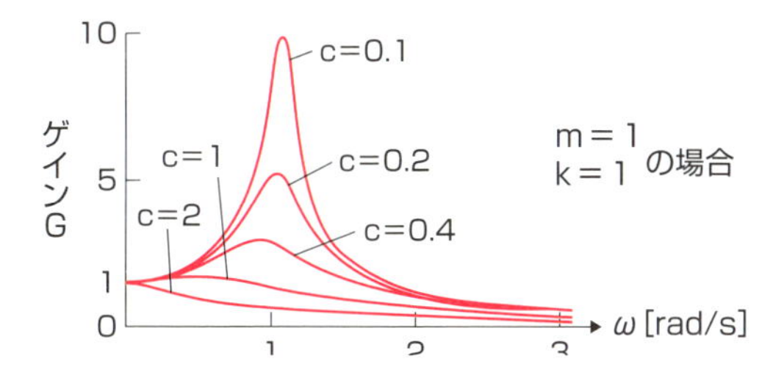

57 ステッピングモータの共振と脱調

トルクの周期的発生と共振

ステッピングモータは比較的価格が安く、位置決めにセンサが必要ないこともあり、多くの機械・装置で普及が進んでいます。

しかし、ステッピングモータを利用する際は、本来位置決めされるべき回転角度からモータがずれてしまう脱調という現象に注意を要します。

ステッピングモータの基本構造を図1に示します。ロータ(回転部分)には磁力が付加されており、ステータ(フレーム部分)の磁力を電気力で調整しながらロータを回転させます。

発生するトルクは、図2のようにロータがある角度(安定点)に存在するときには0、正にずれると負のトルク、負にずれると正のトルクが発生し、まるでバネのようにロータを安定させようとします。

しかし、トルクが周期的に発生するため、ロータが大きくずれると意図に反して次の安定点に収まってしまいます。これが脱調です。電磁力のポテンシャルエネルギーとロータ角度の関係をお椀の中を転がる球に見立てて示したのが図3です。球はエネルギーの小さなお椀の底に落ち着こうとします。

トルクがバネのように発生するため振動が生じます。ある不安定点から安定点へのロータが移動するときのグラフを図4に示します。球が揺り戻しながらお椀の底に安定していくような現象です。

ステータの電磁気力を調整してロータを回転させる運動は、お椀ごと球を運んで行く運動に似ています。お椀をそーっと移動させれば問題ないのですが、構造上、どうしてもお椀は0.72°あるいは1.8°ごとに「カクカク」としか移動できないのです(図5)。このため、お椀が移動するたびに球は底で揺れてしまいます。このお椀の移動のタイミングと球の揺れのタイミングが一致したときに共振が起こり、騒音と共に脱調します。ビックリするような音で機械が唸りを上げることもあります。

要点BOX

- ●ステッピングモータではロータは振動しながら回転
- ●共振による脱調に注意

図1　ステッピングモータ構造図

図2　ロータ角度と受けるトルク

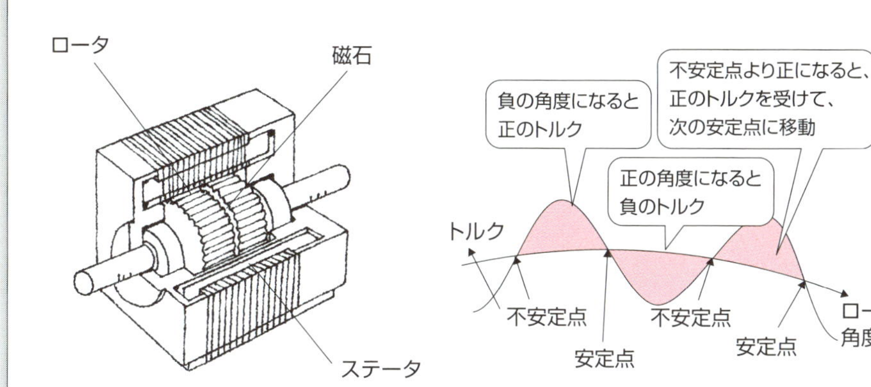

図3　ポテンシャルエネルギーと安定点

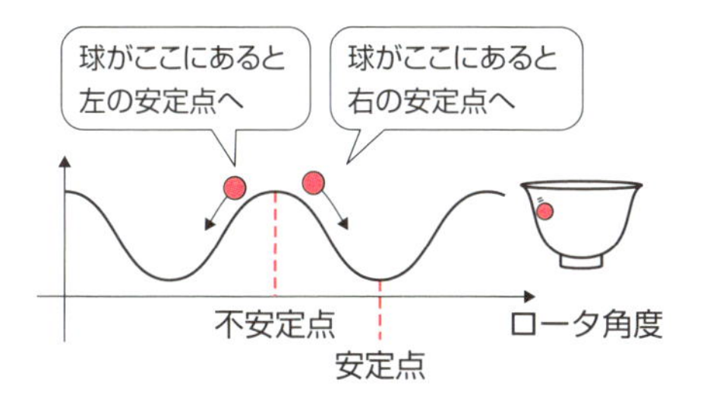

図4　振動を伴い安定点へ収束

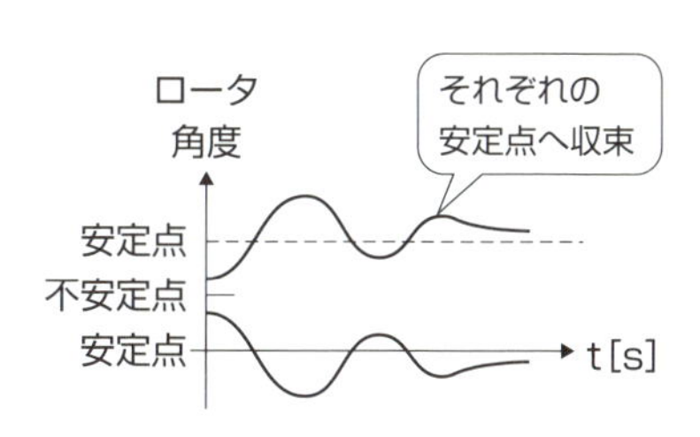

図5　ポテンシャルエネルギーの移動

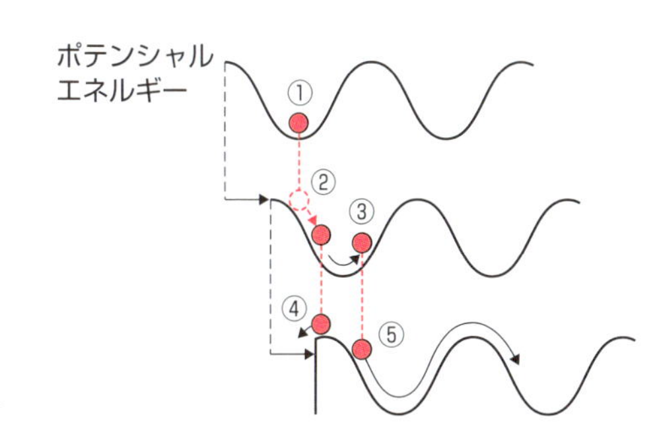

①初期状態で球が静止していたとする

②巣テータの電気力により、ポテンシャルエネルギーが移動。球（ロータ）が動き出す

③安定点近傍で振動

④もし、ポテンシャルエネルギーの移動が早すぎれば脱調

⑤もし、ポテンシャルエネルギーの移動のタイミングが振動を増幅させるなら共振し、脱調

58 ロッド（棒）のたわみ振動と共振

回転軸では絶対に避けなければならない危険速度

本節では、ロッド（棒）の持つ振動特性を考えます。ロッドには荷重F[N]に比例したたわみδ[m]が発生します（図1）。その際ロッドから荷重に対して反力も発生するので、振動や共振が発生します。

図1において、一点に荷重F[N]が集中した場合のたわみδは、①で表されます。EIは曲げ剛性[N・m²]と呼ばれ、この素材と形状の組み合わせが、どのくらい曲がりやすいかを示します。

①の意味は、図2の②のように分離すると直感的に分かりやすいでしょう。第1項は素材と形状に依存する曲がりにくさを表す項で、第3項がロッドを曲げようとする曲げモーメントになります。たわみでは力ではなくモーメントが重要です。

第2項はロッド長に応じて変位が増大する項です。たわみは放物線のような形状を持っているので、2乗になっているとイメージできます。

さて、①より、力÷たわみ＝バネ定数は図3の③になりますが、共振角周波数を求めるためには、振動対象の質量が必要です。実は、仮想的に「ロッドの半分の質量が荷重のポイントに集中している」と考えればよいことが分かっています。なぜならば、ロッドの端部はあまり振動に寄与しないので、振動の振幅が大きい中心周辺の質量のみを考慮すればよいためです。これを等価質量と呼びます。以上でロッドの共振角周波数④が求まります。

回転軸では、その回転数と共振角周波数が同一になったとき問題が生じます。ロッドの回転はわずかでも周期的な振れ回りをロッドに引き起こし、これが外からの共振のタネとなります。タネは時間とともに成長し、やがてロッドの激しいたわみ・振動・騒音となって、最終的に部品破壊に至ります。

この共振角周波数の近傍の回転数のことを「危険速度」と呼びます。定常的に危険速度でロッドを回すことは厳に避けなければなりません。

要点BOX
- ●ロッドがたわむと振動や共振が発生する
- ●モータの軸など回転するロッドでは回転がわずかでも激しくたわむことがある

図１　集中荷重によるロッドのたわみ

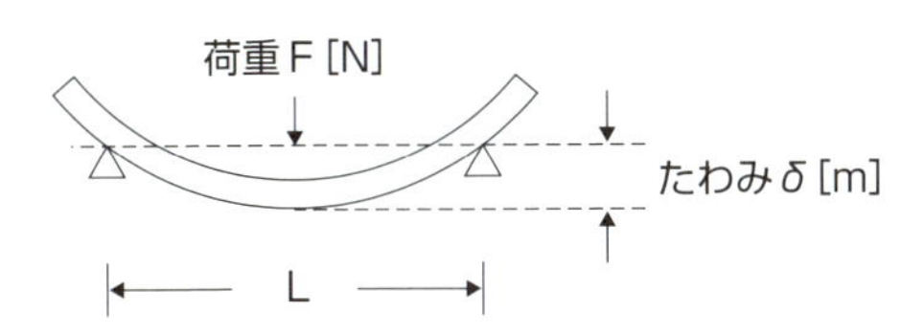

$$\delta = \frac{1}{48} \cdot \frac{L^3}{EI} \cdot F \quad \cdots ①$$

E：ヤング率［N/㎟］
I：断面二次モーメント［m^4］
L：ロッド長さ（支持端間）［m］
F：荷重［N］
δ：たわみ［m］

図２　曲げのイメージ

$$\delta = \underbrace{\frac{1}{48EI}}_{第1項} \cdot \underbrace{L^2}_{第2項} \cdot \underbrace{LF}_{第3項} \quad \cdots ②$$

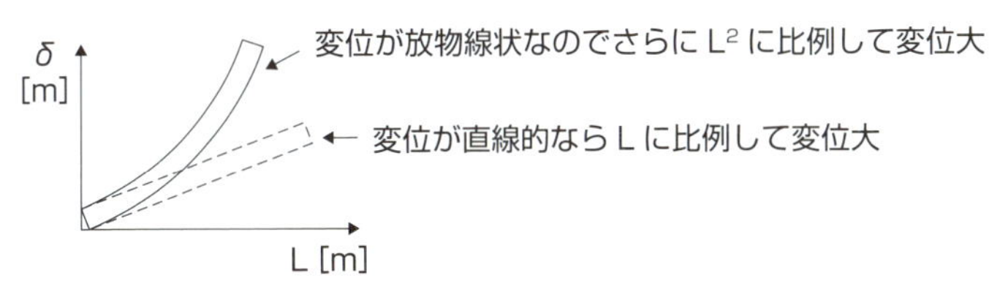

図３　ロッドのたわみ振動

ロッドのバネ定数 $k = \frac{F}{\delta} = \frac{48EI}{L^3}$ ［N/m］ $\cdots ③$

0.5m　＝　k　0.5m

共振角周波数 $\omega \simeq \sqrt{\frac{k}{0.5m}} = 9.8\sqrt{\frac{EI}{mL^3}} \cdots ④$

59 構成部品同士（ユニット）の振動

2体問題と共振、反共振

本章では、これまで振動対象が一つの場合を取り上げてきました。しかし実際の機械は複数の部品の組み合せで構成されています。そこで本節では2体問題といわれる物体が2つの場合の振動を考えます。

図1では、同一質量m［kg］の2つの物体O_1、O_2がバネ定数k［N/m］のバネの両端に接続されて、摩擦のない床面上に静止しています。このとき、時刻0（ゼロ）の初期条件としてO_1に速度を与えると、その後O_1やO_2はどのような挙動を示すでしょうか。

運動方程式は、①のような連立微分方程式になります。第1式はバネの伸縮に応じてO_1が受ける力を表しています。第2式はO_2が受ける力を表しています。初期条件としては、x_1の速度のみv_0［m/s］を与えます。この運動方程式と初期条件を満たす関数を求めると②になります。これは、②が①の条件をすべて満たしていることで確認できます。

②の挙動の特徴は次の3つになります。

（1）第2項を見ると振動の符号が反対

（2）振動角周波数は単体の振動の$\sqrt{k/m}$の$\sqrt{2}$倍

（3）第1項を見ると同一速度で移動

この3点から、図2のように2体は反対方向に振動しながら時間と共に同一方向に進むことが分かります。

ここでは質量が同一の例を挙げましたが、質量が異なる場合は、質量の重心となるバネ上の点を基準として、2体は反対方向にそれぞれ振動しながら並進します。重心の位置は振動せずに、あたかも振動の固定点のように振る舞います。

今回の例では質量が同一でしたので、重心位置はバネの中心になります。したがって、それぞれの物体には、長さが半分になったバネが個別に接続されているように見えます。すなわちバネ定数が2倍になり、共振角周波数が$\sqrt{2}$倍になります。

要点BOX

●2体問題では重心の位置を基準に振動

●バネ定数も大きくなり、共振角周波数も高くなる

図1　2つの物体の振動

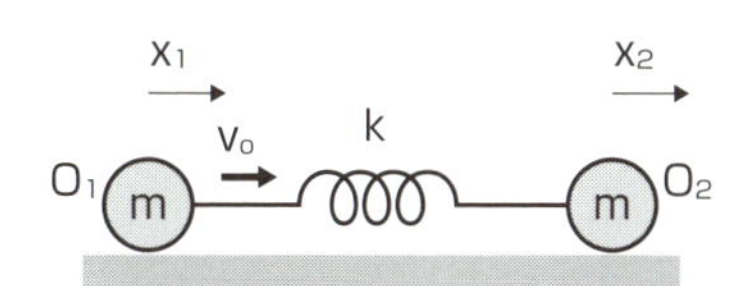

m：質量［kg］
k：バネ定数［N/mm］
v_0：初期速度［m/s］
x_1、x_2：物体の位置［m］

運動方程式

$$\begin{cases} m\ddot{x}_1(t)=k(x_2-x_1) \\ m\ddot{x}_2(t)=-k(x_2-x_1) \end{cases} \quad \cdots①$$

初期条件

$$\begin{cases} \dot{x}_1(0)=v_0、x_1(0)=0 \\ \dot{x}_2(0)=0、x_2(0)=0 \end{cases}$$

m＝1、k＝1のときに、満たす関数

$$\begin{cases} x_1(t)=\frac{v_0}{2}t+\frac{\sqrt{2}}{4}v_0\sin(\sqrt{2}t) \\ x_2(t)=\frac{v_0}{2}t-\frac{\sqrt{2}}{4}v_0\sin(\sqrt{2}t) \end{cases} \quad \cdots②$$

3. 同一速度が移動　1. 符号が反対　2. 共振角周波数が$\sqrt{2}$倍

図2　2体の運動

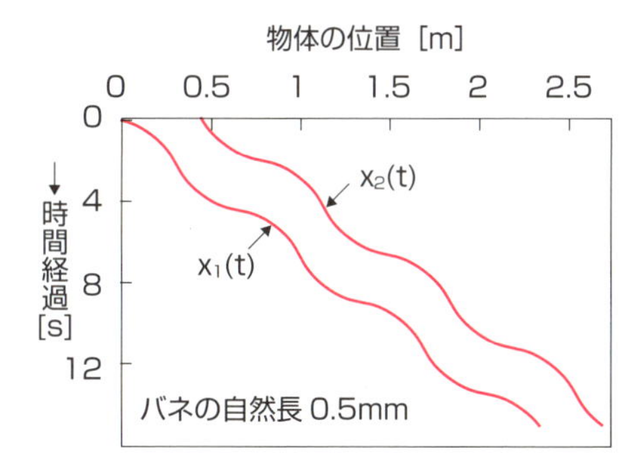

図3　質量の異なる2体問題

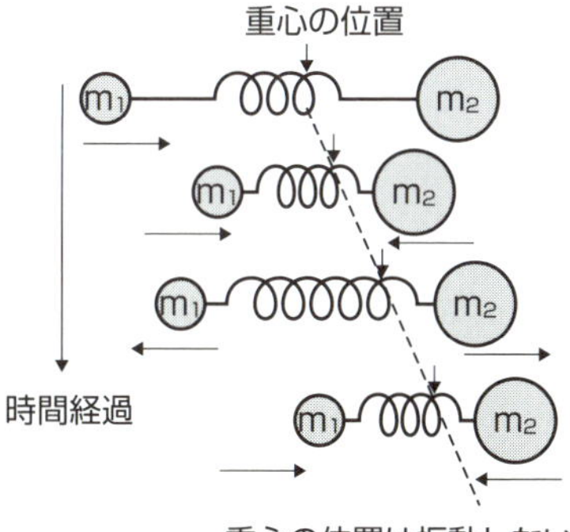

Column

学生時代にこそできること

本書は、主に機械設計の初心者を念頭に執筆したものです。機械が動くということはどのようなことか、力学的にアタリを付けておくことは設計上重要なことだからです。しかし、いわゆる電気屋、ソフト屋と呼ばれる幅広いエンジニアにも読んで欲しいと思っています。機械を動かすには、様々な工学の知識が必要だからです。

近年の機械は、メカ屋がメカを作っただけでは1ミリも動きません。ほぼ例外なく電気やソフトによる制御が必要です。1で「機械工学域」と示した中に、電気工学やソフトウェア工学を入れたのはそのためです。

仮に、学生時代に機械工学のみを学び、メカ設計者として就職したとしましょう。最初の数年は、機械工学の知識で職務を果たすことができるでしょう。しかし、入社して10年後、その口は突然やってきます。新機種開発のリーダーになる日です。まず次のようなシーンが想定できます。

新米リーダー「こういう機能のソフトを作ってくれませんか」

ソフト屋「え！どうやって作ればよいか僕には分からないので教えてください」

新米リーダー「うーん、ソフトは分からないし、どうしよう」

さらにこんなやり取りも想定できます。

新米リーダー「この機能が追加になりました。ついてはメカ屋さん、対応願います」

メカ屋「もう機械設計は終わっています。電気で対応を」

電気屋「メカで対応した方が安く済みますが、ソフトで対応するならさらにコストはゼロになりますね」

ソフト屋「いつも尻拭いばかり…リーダー！バランスよく仕事を配分して下さい」

新米リーダー「ああ、電気やソフトのことをもっと学んでおけば良かった…」

もちろん、リーダーとはいえ、すべてを掌握することは不可能ですし、その必要もありません。ただ、少しでも異分野を知り、全体が見えていれば、様々な相談に乗れ、全体としての開発はもっと良い方向に進めるかも知れません。

企業では、技術者はそれぞれの分野のスペシャリストとして養成されます。専門外のことに素人が口を出す余地はありません。異分野のことを勉強できるのは、学生の間だけなのです。

第7章

衝突や反発力が関わる機械要素の力学

60 衝突や反発の運動方程式

運動量保存の法則と力積の利用

物理学の基本的な保存法則の一つに「運動量保存の法則」があります。この法則のベースにあるのは4で説明したニュートンの第一法則です。すなわち、力が働かない限り運動量＝質量×速度は変化しないというものです。

一方、力と運動量の間には、ニュートンの第二法則に立脚した「運動量の変化は力積に等しい」という関係があります。力積とは力を時間で積分したものですが、この法則は図1の①の運動方程式を定積分することで導かれます。

例えば、時刻 t_0[s]～t_1[s]まで力が加わり速度が変化したとします。②の右辺（力積）は、時間―力グラフの面積となります。速度の前後さえ分かれば、力の詳細は不明でも、その面積だけは分かります。そして、面積さえ分かればその後の運動を求めることができるというのがこの法則です。F(t)が一定の場合は、③を得ます。Δt[s]は力の加わった時間です。

さらに、これにニュートンの第三法則を適用すると複数の物体間の運動量保存の法則が求まります。

図2において当初2物体がそれぞれの運動量m_1v_1[kg·m/s]、m_2v_2[kg·m/s]を持っていたとします。衝突の際には、作用・反作用の法則で互いに符号が反対で大きさが同じ F(t) を受けることになります。それによって、それぞれ④の運動量変化を起こします。両者を足し込んで式を整理すると⑤を得ます。すなわち、衝突前の運動量と衝突後の運動量は保存されます。この法則は力の途中の加わり方によらず適用できるので様々な用途に用いられます。

これまで、運動方程式を一つだけ立てて、どの様な挙動が得られるかを説明してきましたが、衝突・反発など運動が激変する場合や、運動のモデルが変化する場合では、それぞれのモデルに合わせて運動方程式が複数必要な場合もあります。この法則は、それらの初期条件の接続にも利用されます。

要点BOX

- ●衝突・反発は複数の運動方程式が必要
- ●複数物体間の運動量保存の法則の法則を使う

図1　時間－力グラフ

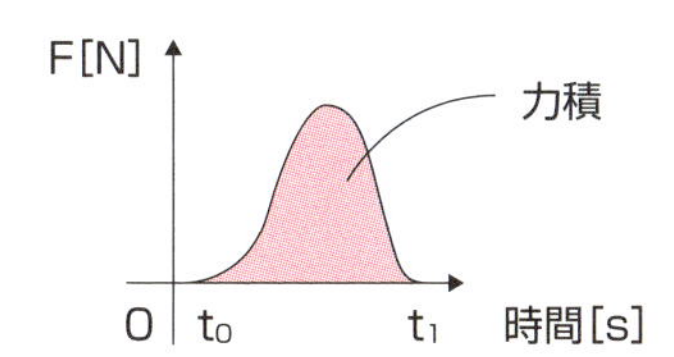

$$m\ddot{x}(t)=F \quad \cdots①$$

↓ 積分して

$$m\int_{t_0}^{t_1}\ddot{x}(t)dt=\int_{t_0}^{t_1}F(t)dt$$

$$m\left[\dot{x}(t)\right]_{t_0}^{t_1}=\int_{t_0}^{t_1}F(t)dt$$

$$mv_1-mv_0=\int_{t_0}^{t_1}F(t)dt \quad \cdots② \qquad (v_1=\dot{x}(t_1)、v_0=\dot{x}(t_0))$$

mv_1-mv_0：運動量の変化

$\int_{t_0}^{t_1}F(t)dt$：力積

図2　衝突前後の運動量変化

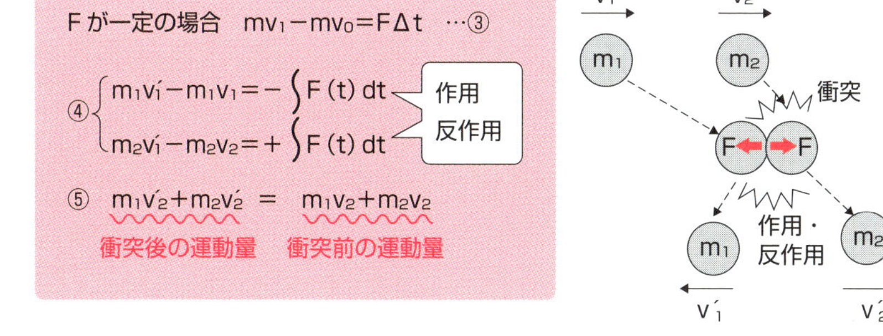

61 水流の衝突と発生する力

圧力抵抗の性質を検証する

43では圧力抵抗が速度の2乗に比例すると説明しましたが、本節ではその理由を運動量の変化と力積の関係に基づいて解説しましょう。

図1は、流速v[m/s]の水流が垂直な板に当たって、全流量が直下に滞留する様子です。このとき、板は水流からどのくらいの力を受け続けているでしょうか。なお、水の密度をρ［kg/m³］、水流の断面積をA［m²］とします。

図1の現象は、実際には連続的に続いている現象ですが、ここでは1s間に区切って考えます。図2に示したように1sの間に体積Av[m³/s]の水の塊、すなわち質量ρAv[kg]の塊が速度vで板に向かって飛んでいることになります。これが板との衝突後は運動量0になるので、1s間における運動量の変化は、

$$\rho Av \times v = \rho Av^2 \ [\mathrm{kg \cdot m/s}] \quad \cdots ①$$

となります。

これが力積に等しく、かつ力F(t)は1s間一定のはずなので②を得ます。したがって、受ける力は③と求まります。流体などの連続体では、単位時間あたりの運動量変化が力になると覚えておくとよいでしょう。

なお、この例は、全量が直下に滞留するという条件なので、③は43の①でCD=2とおいたものになりましたが、自動車の空力抵抗の場合は、空気の多くが車の側面から流れ出ていくので、空気の運動量変化は弱まり、CD値も小さくなります。

流れを止めることにより力が発生するならば、流れを起こすことによっても力が発生します。この現象を利用した機械の代表的ものがジェットエンジンやロケットエンジンです。

いずれもエンジン内の空気や燃料（推進薬）の燃焼によって猛烈なスピードの燃焼ガスを生み出し、これによって生じる運動量の変化によって推力を得る仕組みです（図3）。

要点BOX
- 連続体が発生する力は単位あたりの運動量変化
- 飛行機もロケットも運動量変化を利用

図1　水流の衝突

図2　1秒間のみの現象

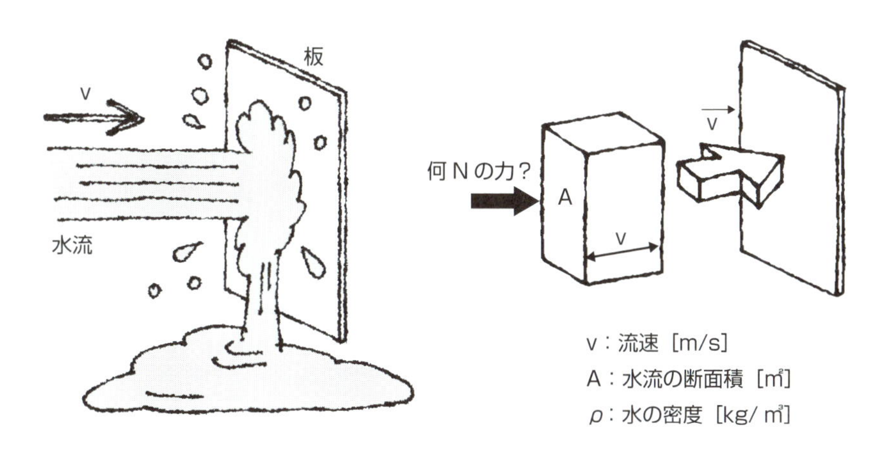

1秒間の運動量変化　$\rho Av \times v = \rho Av^2$ …①

1秒間の力積　$F \times 1 = \rho Av^2$ …②

$F = \rho Av^2$ …③

図3　運動量変化を利用する動力源

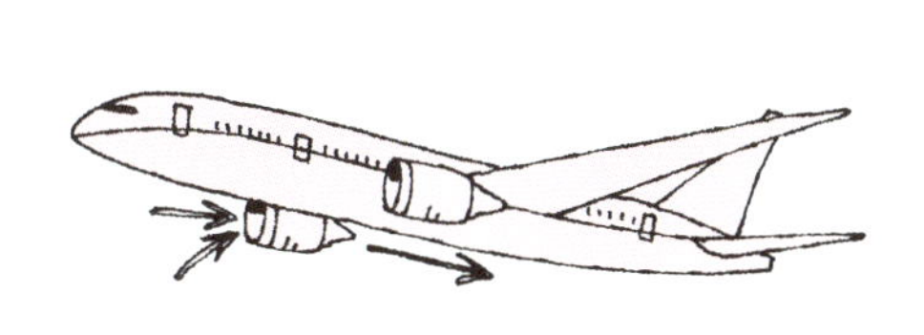

ジェットエンジン

1秒間に排出した空気の運動量
−1秒間に取り入れた空気の運動量
＝推進力

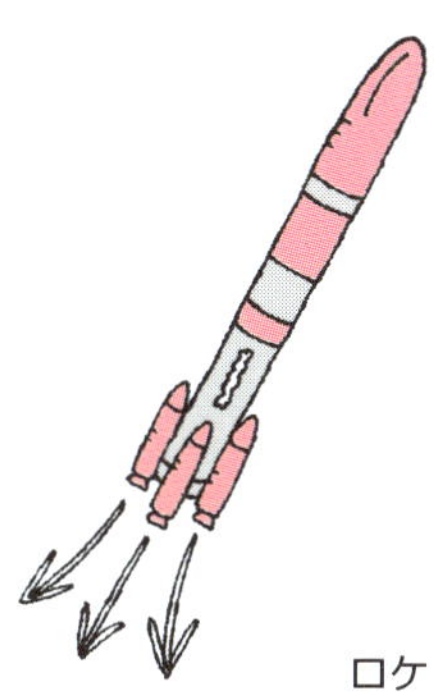

ロケットエンジン

1秒間に排出した推進薬の運動量
＝推進力

62 物体の衝突前後の運動特性の変化を知る

運動方程式の切り替えと初期条件

別々であった物体が結合するとき、あるいは結合していた物体が分離するときに、運動モデルは変化します。したがって、これらの運動を解析する際は、それぞれのモデルを切り替えながら考察します。

結合・分離を併せ持つ代表的な機構が自動車のクラッチです。図1にクラッチの構造を示します。クラッチの主な機能は次の二つです。

(1)フライホイールとクラッチディスクの2枚が離れているときは、エンジンのみが回転する

(2)2枚が押しつけられると、板同士が同回転をしてタイヤが回り、車体が動き出す

エンジン側の慣性モーメントを I_e[kg·m^2]、タイヤ側の総慣性モーメントを I_b[kg·m^2]とし、エンジンをトルクT_e[N·m]で起動すると、(1)の状態の運動方程式は図2①になり、満たす関数は②となります。その後クラッチを時刻t_1[s]に接続して(2)の状態にすると、運動方程式は③に切り替わります。この後の運動は、切り替った瞬間を時刻0として、新たに③を満たす関数によって定まります。切り替わった瞬間の初期条件を、運動量(角運動量)保存の法則から求めます。ここで角運動量とは慣性モーメント[kg·m^2]×トルク[N·m]です。

②によれば、時刻t_1[s]でのエンジン側の角速度はT_e/I_et_1[rad/s]なので、総角運動量は $T_e \times t_1$[kg·m^2/s]です。(2)になった瞬間にもこの角運動量は保存されていますが、慣性モーメントはI_e+I_bに変化しているので、角運動量保存則④より、接続された瞬間に角速度は⑤に変化します。こうして(2)の初期条件が決定され、③を満たす関数が分かるのです。

図3は、あるパラメータのときの軸の回転速度をプロットしたものです。クラッチが接続された時刻t_1[s]に急に車体速度が変化しています。これでは急激な衝撃を受けるので「半クラッチ」で点線のように変化をやわらげるのです。

要点BOX
- ●モデル切り替え時の初期条件の設定は運動量保存の法則を適用
- ●切り替えの際は時刻を0にリセット

図1クラッチの構造

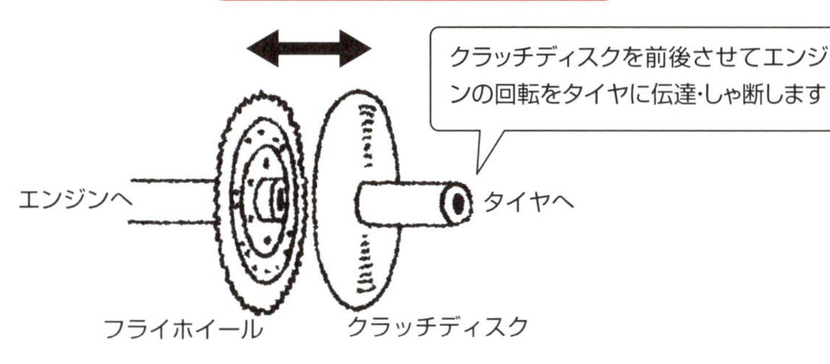

図2　運動のモデル図

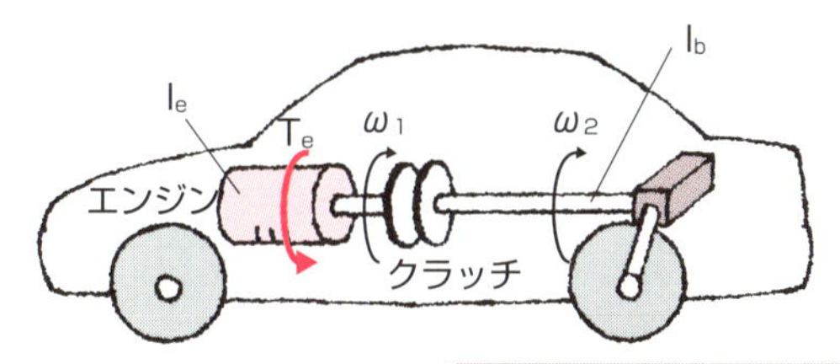

I_e、I_b：エンジンおよびタイヤ側の慣性モーメント［kg･m²］

ω_1、ω_2：エンジンおよびタイヤ側の角速度［rad/s］

T_e：エンジンのトルク［N･m］

図3　各軸の回転速度の変化

（1）クラッチを切った状態
$$\begin{cases} I_e\dot{\omega}_1(t)=T_e \\ I_b\dot{\omega}_2(t)=0 \end{cases} \quad \cdots①$$

したがって、
$$\begin{cases} \omega_1(t)=\dfrac{T_e}{I_e}\cdot t \\ \omega_2(t)=0 \end{cases} \quad \cdots②$$

（2）クラッチを繋いだ状態
$$\begin{cases} (I_e+I_b)\dot{\omega}_1(t)=T_e \\ \omega_2(t)=\omega_1(t) \end{cases} \quad \cdots③$$

切り替えの直前　$\omega_1(t_1)=\dfrac{T_e}{I_e}\cdot t_1$　角運動量 $I_e\cdot\dfrac{T_e}{T_e}\cdot t_1 = T_et_1$

力積そのもの

$$T_et_1=(I_e+I_b)\omega_1 \quad \cdots④$$

$$\omega_1=\frac{T_e}{I_e+I_b}\cdot t_1 \quad \cdots⑤$$

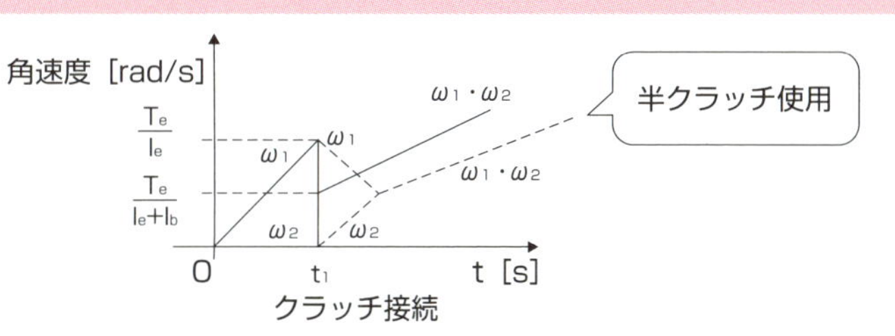

63 反発力によって、搬送機はどのくらい振動するか

架台の振動の算出

第6章では、様々な振動について解説しましたが、多くの場合振動の初期速度を与えるものでした。本項では、その初期速度の求め方を具体的な例を挙げて説明しましょう。

図1に示した搬送機は、土台の強度が不足しているため揺れやすい構造です。実際に機械全体を揺さぶってみると、1Hz＝6.28rad/sで共振したとします。

可動部と荷物を合わせて50kgの物体（以下、移動部と呼びます）を1m/sで急加速して搬送すると、その反力を受けて装置全体はどのくらい揺れるでしょうか。装置本体の重量は450kgとします。

図2にモデル図を示します。m_1、m_2はそれぞれ本体および移動部の質量[kg]、kは機械の揺れのバネ定数[N/m]、x_1は本体の位置、x_2は本体から見た移動部の位置です。このときの運動方程式は①となります。右辺の第1項は本体がバネから受ける力、第2項は本体が移動部を加速する際に受ける反力を表します。左辺の質量がm_1+m_2なのは、本体も移動部も揺れるためです。移動部の加速が終了して一定速になった状態では右辺第2項は0となり、②になります。この問題を解くためには、そのときのx_1の初速が必要です。

図3に示したように加速以前は共に速度0ですが、加速終了時には、移動部と本体の相対的な速度が1m/sになっています。したがって、運動量保存の法則③より、本体の揺れの速度v_1は−0.1m/sと求まります。つまり、初期条件は④と決まります。

運動方程式②と初期条件④が分かったので、それを満たす関数が55図1の式②より、本節図3の⑤と求まります(c＝0)。結局、装置全体の揺れの大きさは16㎜となります。

一見手強わそうに見える問題や詳細が不明な問題でも、機械力学を理解していれば、少ないヒントからも解を導き出せるものです。

●運動量保存の法則を用いて振動の初速を導出
●機械力学を知っていれば、少ないヒントでも機械の挙動が概算できる

図1　搬送機概略図

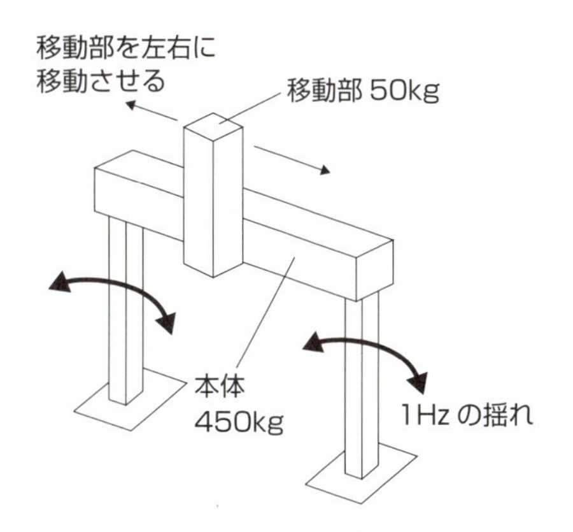

図2　振動のモデル図

m_1、m_2：本体および移動部の質量［kg］
k：揺れのバネ定数［N/m］
x_1：本体の位置［m］
x_2：本体から見た移動物の位置［m］

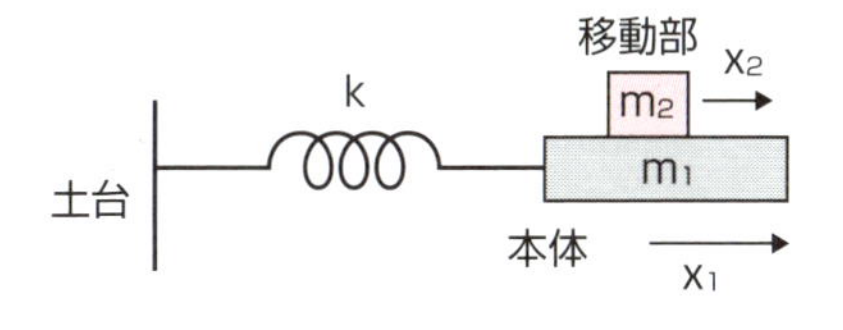

図3　搬送機の運動方程式と初期条件

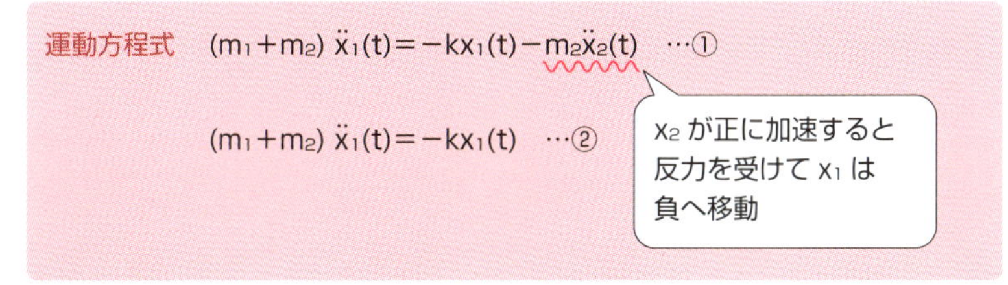

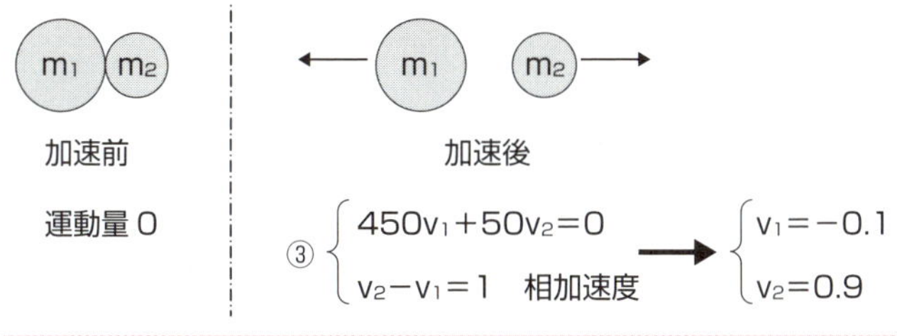

初期条件　$\dot{x}_1(0)=-0.1$、$x(0)=0$　…④

②と④を満たす関数は、$x_1(t)=-\dfrac{0.1}{6.28}\sin(6.28t)$　…⑤

$$\dfrac{0.1}{6.28} \approx -0.0159$$

Column

遠隔地同士で力を伝える

近年、遠隔手術ロボットが話題になっています。医師が遠隔地にある手術ロボットを操作し、その際、ロボットが検出した人体からの反力(臓器を押し込んだり、骨に接触した感覚)を医師が感じ取れる装置です。

筆者はこのロボットと同種の遠隔握手触覚ガジェットをニコニコ超会議にて披露しました(写真)。握手といっても相手の手を握るものではなく、手や腕を揺すられる感覚を伝えるものです。ベースのパーツ(ハード)は市販のものですが、センサを付加してファームウェアを新規開発しました。

日本と台湾に1台ずつ設置し、インターネットを介して連動させました。日本のプレイヤーが目前のロボットに腕の振りを伝えると、台湾のロボットはその通りに運動します。同様に、台湾のプレイヤーが伝えた運動も日本側のロボットがきちんと再現します。当然、お互いが反対方向に動こうとすると、力が拮抗してロボットは動きません。つまり、あたかも目の前に相手が居るかのように力を感じ合える「力覚のコミュニケーション」が実現できるのです。

力覚コミュニケーションの実現には壁があります。それが力学的ハウリングという現象です。マイクから入った音がスピーカーから出て、またその音がマイクに入って…とループすることで生じるハウリングはよく知られています。同じ現象が力学でも起こります。

自分の運動が自ロボットから回線を介して相手ロボットまで伝わり、相手の運動を変えます。その運動は、やはり相手ロボットから自ロボットまで届き、自分自身の運動を変えることになります。そしてその運動は…と、無限ループとなり遠隔地間の力学的ハウリングを生じます。

力学的ハウリングは、時として破壊的な振動として発生してしまいます。どうやってこれを抑え込めばよいのか…。これからも、研究を重ねる日々です。

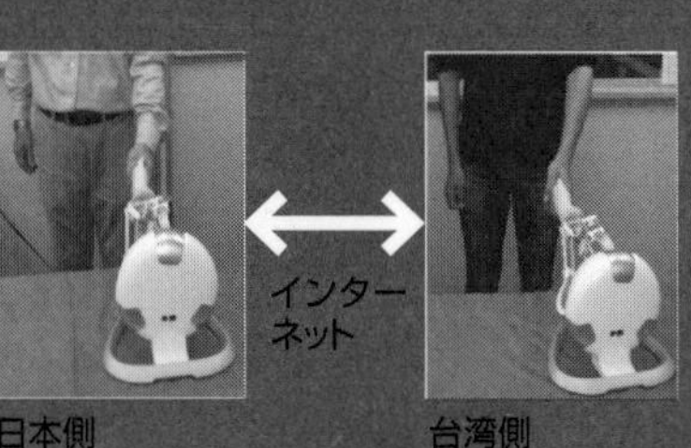

日本側　台湾側

【参考資料】

日本機械学会編、機械工学便覧　基礎編α1　機械工学総論、日本機械学会、2004

日本機械学会編、機械工学便覧　基礎編α2　機械力学、日本機械学会、2004

日本機械学会編、機械工学便覧　基礎編α3　材料力学、日本機械学会、2004

日本機械学会編、機械工学便覧　基礎編α4　流体工学、日本機械学会、2004

日本機械学会編、機械工学便覧　デザイン編β4　機械要素・トライボロジー、日本機械学会、2004

日本機械学会編、機械工学便覧　応用システム編γ4　内燃機関、日本機械学会、2004

日本機械学会編、機械工学便覧　応用システム編γ5　エネルギー供給システム、日本機械学会、2004

The System of Units (SI) 9th edition, Bureau International des Poids et Mesures, 2019

金子成彦・大熊政明編集、機械力学ハンドブック、朝倉書店、2015

後藤憲一、力学、学術図書出版社、1984

飯田明由ら、基礎から学ぶ流体力学、オーム社、2007

向殿政男監修、安全設計の基本概念、日本規格協会、2007

計測自動制御学会編、ロボット制御の実際、コロナ社、2003

有本卓、ロボットの力学と制御、システム制御情報学会、2002

三好孝典、機械の制振設計−防振メカニズムとフィードフォーワード制御による対策法、日刊工業新聞社、2018

【参照ホームページ】

「産業技術総合研究所　計量標準総合総合センター」

https://unit.aist.go.jp/nmij/info/redefinition/

「機械設計エンジニアの基礎知識」
http://d-engineer.com/cae/vm.html
「建築振動学　第三章」
https://www.rs.noda.tus.ac.jp/~migu/iguchi.html

その他、多くのホームページを参照させていただきました。厚く御礼申し上げます．

ま

や

ら

さ

索引

数字・英字

あ

か

●著者略歴

三好孝典(みよし　たかのり)

1963年　兵庫県生まれ。
1989年　大阪大学 工学部 電気工学科卒。ローランド・ディー・ジー(株)に入社。
2000年　在職のまま、豊橋技術科学大学電子・情報工学専攻博士後期課程修了。
2002年　国立大学法人豊橋技術科学大学 生産システム工学系講師として赴任する。
2005年　ミュンヘン工科大学客員研究員(1年間)
2007年　同系准教授。
2017年　ベンチャー企業(株)IMI設立、取締役兼任。
2019年　国立大学法人長岡技術科学大学　システム安全専攻 教授。
現在に至る

●主な著書

よくわかる機械の制振設計 -防振メカニズムとフィードフォワード制御による対策法-、日刊工業新聞社、2018年
技術者のための制御工学ー理論・設計から実装まで—、豊橋技術科学大学・高専連携プロジェクト編、実教出版、2012年

今日からモノ知りシリーズ
トコトンやさしい
機械力学の本

NDC 531.3

2019年9月30日　初版1刷発行

発行者　井水 治博
発行所　日刊工業新聞社
東京都中央区日本橋小網町14-1
(郵便番号103-8548)
電話　書籍編集部　03(5644)7490
販売・管理部　03(5644)7410
FAX　03(5644)7400
振替口座　00190-2-186076
URL　http://pub.nikkan.co.jp/
e-mail　info@media.nikkan.co.jp
印刷・製本　新日本印刷(株)

●DESIGN STAFF
AD――――志岐滋行
表紙イラスト――――黒崎　玄
本文イラスト――――小島サエキチ
ブック・デザイン――大山陽子
(志岐デザイン事務所)

●
落丁・乱丁本はお取り替えいたします。
2019 Printed in Japan
ISBN　978-4-526-08006-7　C3034

●定価はカバーに表示してあります。